おはなし統計的方法

"早わかり" と "理解が深まる18話"

永田　靖　編著
稲葉太一／今　嗣雄／葛谷和義／山田　秀

日本規格協会

まえがき

本書は，第1部と第2部の2部で構成されています．

第1部は，統計的方法の概要をすばやくつかみとっていただけるように構成しています．統計的方法の考え方の大切な部分を直観的に理解していただくように工夫しました．

第1部の読者として，これから統計的方法の勉強やセミナーの受講を始められる方々を想定しました．また，ある程度勉強をされた方々も想定し，知識を整理していただき，さらに得るものがあるように配慮しました．そして，部課長の方々にもマネジメントのための不可欠な知識としてぜひ読んでいただきたいと思います．

第2部は，教科書では簡単にしか触れられていないけれども，理解しておいていただきたい内容を集めて構成されています．これらの内容を最初に学ぶことにより，重要な考え方はどこにあるのかを理解していただけると思います．また，副読本的に用いることにより，関連したことがらの理解を深めていただけると思います．

第2部も，数式をほとんど用いない方針で構成していますが，例外は自由度についての内容です（第10話，第13話，第15話，第18話）．統計的方法を学び始めた多くの方々は自由度について疑問をもつようです．それに対して，第10話の前半の内容が回答のひとつの定番です．しかし，それで納得される方々は少ないようです．一方で，しっかり説明するのは結構大変で，それには数学的な展開が必要です．品質管理関係の多くの教科書ではその説明を省略していることが多いので，本書では掲載することにしました．

第2部では，18項目を会話文により説明しています．主な主人公は，機械工学科卒のエンジニアの木原さん（37歳），経営システム

工学科卒のエンジニアの田中さん（30歳），経済学部卒の鈴木圭子さん（25歳），工場長（50歳）です（登場人物は実在しません）．会話文で説明することにより物語性をもたせ，ユーモアを含めながら，テンポのよい説明を試みました．

　自由度（第10話，第13話，第15話，第18話）と実験計画法（第7話，第9話，第12話，第17話）は，かっこ内の順序で読んでいただいた方がよいですが，その他の項目については，読んでいただく順序に制約はありません．ただ，登場人物が成長していく物語性がありますから，順番に読んでいただくことをお奨めします．

　第1話から第10話までは，統計的方法の勉強を始める前に読んで理解していただけると思います（"難易度★"と表示します）．第11話から第18話は，統計的方法の勉強過程で読んでいただく副読本的な内容です（"難易度★★"と表示します）．

　本書の作成過程では，p.5に示す複数の執筆者が担当部分の原稿を作成したあと，執筆者間で校閲・改訂するという作業を複数回繰り返しました．

　本書は，日本規格協会の『品質管理と標準化セミナー』の改革委員会/手法WGで企画されました．委員長の飯塚悦功教授（東京大学）をはじめとする委員の皆様から有益なご意見をいただきました．また，日本規格協会の伊藤章理事をはじめとする皆様には，本書の企画と出版に関していろいろとお世話になりました．心から謝意を表します．

2005年9月

執筆者を代表して
永　田　　靖

執筆担当

永田　靖	第1部，第2部（第1話，第3話，第6話，第14話，第18話）
稲葉太一	第2部（第10話，第13話，第15話，第18話）
今　嗣雄	第2部（第4話，第5話，第8話，第16話）
葛谷和義	第2部（第2話，第11話）
山田　秀	第2部（第7話，第9話，第12話，第17話）

目　次

第1部　早わかり

第1章　データについての心得
1.1　データを取る目的の明確化 ……………………… 13
1.2　データの種類と取り方の標準化 ………………… 14
1.3　データは全体の一部 ……………………………… 16
1.4　誤差を認める ……………………………………… 18
1.5　データはばらつく ………………………………… 20

第2章　統計的方法により何をするのか
2.1　データに語らせる ………………………………… 25
2.2　視覚化する ………………………………………… 26
2.3　見積もる …………………………………………… 31
2.4　比べる ……………………………………………… 35
2.5　相関を測る ………………………………………… 38
2.6　関係を式で表す …………………………………… 42
2.7　多くのものを同時に比較する …………………… 45
2.8　因子の相性 ………………………………………… 48
2.9　因子を絞り込む …………………………………… 50
2.10　多くの変量の関連を調べる ……………………… 52
2.11　相手を怒らせて様子をみる ……………………… 55
2.12　日常データと実験データ ………………………… 57
2.13　管理する …………………………………………… 59

第3章　統計的方法の適用パターン

- 3.1　改善活動でのパターン 63
- 3.2　開発・設計部門でのパターン 67
- 3.3　事務系部門でのパターン 69
- 3.4　データ形式別の基本解析パターン 71

第2部　理解が深まる18話

- 第1話　過度の調整はバラツキを増やす！（難易度★）...... 75
  ハンティング現象
- 第2話　全数検査すべきかどうかが問題だ！（難易度★）...... 81
  工程能力
- 第3話　効果があっても効果がない？（難易度★）...... 91
  プラセボ効果
- 第4話　第3の変数を探せ！（難易度★）...... 98
  散布図
- 第5話　データの素性が問題だ！（難易度★）...... 106
  クロス集計表
- 第6話　改善力を高めるデータの整備（難易度★）...... 113
  対応のあるデータ
- 第7話　観て察するか，実際に験するか？（難易度★）...... 122
  観察と実験
- 第8話　お客様の感性に聞け！（難易度★）...... 131
  顧客満足度調査
- 第9話　よいものどうしではだめなことも（難易度★）...... 142
  交互作用

第10話	自由度はなぜ $n-1$ なの？（その1）(難易度★)	153
	偏差の和はゼロ	
第11話	よみがえる管理図 (難易度★★)	163
	標準値を用いた管理図	
第12話	全部をやらずに手抜きをしよう (難易度★★)	174
	直交表実験	
第13話	自由度はなぜ $n-1$ なの？（その2）(難易度★★)	183
	カイ二乗分布と独立性	
第14話	回帰式だけでは誤解する！(難易度★★)	195
	変数の関連図	
第15話	自由度はなぜ $n-1$ なの？（その3）(難易度★★)	202
	独立性と無相関の違い	
第16話	信頼を得るためにはシビアに！(難易度★★)	216
	加速信頼性試験	
第17話	実験計画法を使う前後の六つの指針 (難易度★★)	225
	大きな流れと考え方	
第18話	自由度はなぜ $n-1$ なの？（その4）(難易度★★)	237
	平均と平方和の独立性	

参考図書 ……………………………………………………………… 245
索　引 ………………………………………………………………… 247

第1部

早わかり

第 1 章
データについての心得

1.1 データを取る目的の明確化

次のようなことをきちんと考えたことがありますか？

> (1) 何のためにデータを取っているのでしょうか？
> (2) 必要なデータを取っているでしょうか？
> (3) データの取り方のルールは決まっているでしょうか？
> (4) データを取りやすいように工夫しているでしょうか？
> (5) データは全体の一部であることをつねに意識しているでしょうか？
> (6) 必要な数のデータを取っているでしょうか？
> (7) データの精度はどれくらいでしょうか？
> (8) 使いやすいデータになっているでしょうか？
> (9) そのデータの特徴は何でしょうか？
> (10) 解析方法を意識してデータを取っているでしょうか？

　データを採取する目的は，"検査のため"，"工程管理のため"，"不良や不具合の現状把握や要因分析のため"，"対策案を導き出すため"，"対策案の検証のため"，"最適条件を設定するため"，"歯止めや管理のため"，"顧客ニーズの把握のため"，……といろいろあるでしょう．一方で，"いままで取っているから"という理由で，"データを取ることそのもの"が目的になっていることも結構多い

ように思います.いわゆる"惰性"です.いつか何かの役に立つかもしれないから取っているというものです.

データは,明確に意図された目的のために活用されるべきです.

しかし,本来の目的以外のためにデータを利用することもあるでしょうし,運がよければよいヒントを得ることができるかもしれません.でも,本来の目的以外に対して,そのようにラッキーなことは頻繁には起こりません.目的を明確にしてデータを取るという態度が大切です.

データの採取の目的を明確化することは,どのように解析を進めるのかを事前に意識することにほかなりません.統計的方法を広く勉強して解析方法をたくさん知ることができれば,様々な具体的な目的を設定できることにつながります.

✿ポイント✿
(1) 惰性で取っているデータが役立つことは多くない.
(2) データを取る目的を明確にする.
(3) 解析手法を理解してデータを適切に採取する.

1.2 データの種類と取り方の標準化

データを取るときには,そのルールを決めておかなければなりません.

例えば,長さを測定するとき,木原さんは5 mmきざみで測定し,鈴木さんは1 mmきざみで測定し,田中さんは0.5 mmきざみで測定したとしましょう.これらをまとめたデータは"5 mmきざみの正確さ"になってしまいます.鈴木さんや田中さんがよりていねい

に測定した苦労は水の泡になります．

データの採取方法の標準化が必要です．

この標準化はデータを取る人たちが決めるのではなく，解析する人，及びそれに基づいて判断する人が決めなければなりません．

このような標準化を目的として，チェックシートが整備されることがあります．チェックシートの設計のときには，それを用いて解析し，判断する人が，どのような情報を必要としているのかを考えなければなりません．

しかし，一方で，現場の人にとってデータは取りやすいものでなければなりません．また，どのデータがどのように解析されるのか，どのように役立つものなのかを**データを取る人に理解してもらわなければなりません．**

"データを取りやすい"ことと"役に立つ"ことは，トレードオフの関係にあることが多いようです．

例えば，図1.1に示すように，1 m^{2}のパネルに小さな傷が付いて問題になっているとしましょう．傷がひとつでもあれば不良とするのなら，"傷あり"と"傷なし"だけを観測するという簡便な検査でよいことになります．傷の個数をカウントすれば，多少手間は増えますが，それだけ情報は増えます．このようなタイプのデータは

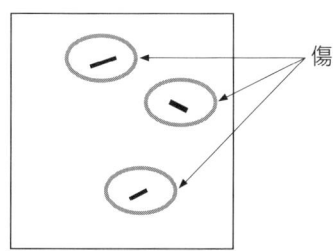

図1.1　パネルの傷による不良

離散的なので，**計数値データ**と呼びます．このようなデータは検査や現状を把握するためにはよいでしょうし，データを取ることは容易です．

しかし，このようなデータは不良を減らすという**改善活動に有効でしょうか？**

本気で改善活動をするならば，"傷の位置"，"傷の長さ"，"傷の幅"，"傷の角度"，"傷の深さ"，"複数の傷の位置関係"等を調べる必要があります．これらのタイプのデータは連続的なので，**計量値データと呼びます**．データを測定する手間は大変ですが，原因究明や対策につながる情報を得る可能性が高くなります．

> **✿ポイント✿**
> (1) データの取り方のルールを決めておく．
> (2) データを取る人がその意味と目的を理解する．
> (3) 本気で改善活動をするならば計量値データを取る．

1.3 データは全体の一部

"データは全体の一部のサンプルを測定したものである"ということを認識する必要があります．たとえ，全数検査を行っていても，将来同じ条件で製造したものもあわせて考えるなら，いま得られているデータは全体の一部です．

全体を母集団と呼びます．

母集団の一部であるデータに基づいて母集団を考察したいわけです．いまあるデータがすべてではありません．いまある不良品が不良品のすべてではないのです．

どんな工夫が必要でしょうか？ **データは母集団の縮図になっている必要があります**．これを保証するのが**ランダムサンプリング**です．**無作為抽出**とも呼びます．みそ汁をよくかき混ぜてから味見することと同じです．

口で言うのは簡単ですが，**実際にランダムサンプリングを実行することはなかなか難しいことです**．

倉庫に積まれた多くの原料の中からサンプルを取り出すことを考えましょう．ランダムに選ばれた原料のロット番号が倉庫の奥の方にあっても，それを取り出す必要があります．しかし，そのようなサンプリングは大変です．かといって，倉庫の入り口近くにある原料ロットだけをサンプリングするなら，ランダムサンプリングにはなりません．原料を移動するときにサンプリングを行う等の工夫が必要になります．

若者（例えば15歳から20歳までの日本人）の趣味・嗜好の調査をするため，渋谷駅で気さくそうな若者ばかりに声をかけるとした

偏った集団

母集団の縮図

らどうでしょうか？ 得られたデータは，偏った集団からサンプリングしたものであり，目的とする母集団の縮図にはなりません．

データを取ることは，技術と工夫のいることであり，コストのかかることです．

データの取り方を決めるのは，固有技術力・解析力のある人，責任をとることができる人でなければなりません．

> **✪ポイント✪**
> (1) データは母集団の一部である．
> (2) データが母集団の縮図になるように工夫する．
> (3) データを取るには技術が必要でコストがかかる．

1.4 誤差を認める

データには誤差があります．

このことについては，定性的にはわかっていても，**定量的にはあまりよく理解されていません．**

テレビの視聴率を考えてみましょう．全国をいくつかのブロックに分けて，それぞれのブロックから n 世帯をランダムに選び，どの番組を見ていたのかを調査します．

例えば，関東地区には千数百万世帯がありますが，その中から $n=600$ 世帯をランダムに選んでいるそうです．あるテレビ番組 A を $x=120$ 世帯が見ていれば，視聴率は $p=x/n=120/600=0.20$ (20%) となります．

視聴率が 1% 上がった・下がったかで一喜一憂する人がいます．それでよいのでしょうか？

本当に知りたいのは,関東地区全体を母集団と考えるとき,そのうちの何%がその番組Aを見ていたかのはずです.視聴率はわずかな世帯数から求めた値ですから**サンプリング誤差**があります.その大きさは,2項分布の比率の区間推定に基づくと,±0.03 (3%) くらいになります.これは**意外に大きな値ではないでしょうか**.もう1けた誤差を小さくする[±0.003 (0.3%) とする]には,100倍の$n=60\,000$世帯が必要になります.

コストの問題と誤差の大きさを勘案しながらアクションをとらなければなりません.

大切なのは,データには誤差があると認めることです.**データの値を額面どおり信じてはいけないということです.**

しかし,適切に採取されたデータは母集団の様子を表します."どれくらい正確に表しているのか","**どれくらいの誤差の大きさを考慮しなければならないのか**"を理解することが大切です.

サンプルサイズnが大きくなれば誤差は小さくなります.これは直観的にも理解できることです.しかし,上に述べたように,どれくらいnを大きくすればどれくらい精度が上がるのかという定量的なことについては,直観的な理解は困難です.統計的方法を勉強する必要があります.

統計的方法を勉強することは,誤差とのつきあい方を学ぶことです.

✿ポイント✿

(1) 誤差の存在を認める.
(2) 誤差の大きさを定量的に知る.
(3) 統計的方法は誤差とのつきあい方を学ぶ方法である.

1.5 データはばらつく

データはばらつきます.

次の例を考えてみましょう.2人の学生(A君とB君)に正20面体のサイコロ(0から9までの数字が2面ずつあるサイコロ)を100回ふるように命じたとします.

2人が報告してきたサイコロの目を**度数表**にまとめると表1.1と表1.2のようになりました.表1.1は,A君がサイコロをふった100回のうち,0の目が11回出て(0の目の**度数**は11),1の目が7回出て(1の目の度数は7),2の目が7回出て(2の目の度数は7),……ということを表しています.表1.1と表1.2を見て,**どのような感想をもちますか?**

多くの人には,**B君のサイコロの結果の方が自然に見えると思います.**

しかし,**適合度の検定**という統計的方法を用いると,正しいサイコロ(0から9のどの目が出る確率も1/10のサイコロ)を投げるなら,**B君の結果はほとんど起こらないことがわかります**.つまり,B君の結果はそれぞれの目の度数が10回前後に不自然なほど揃い

表1.1 A君の結果の度数表

数字	0	1	2	3	4	5	6	7	8	9	計
度数	11	7	7	11	9	12	8	10	15	10	100

表1.2 B君の結果の度数表

数字	0	1	2	3	4	5	6	7	8	9	計
度数	10	9	8	11	10	9	8	12	11	12	100

すぎているのです．B君は，サイコロを本当はふらずに，（素人考えで）つじつまがあうように数字を適当に並べたであろうことが強く疑われます．

一方，A君のデータは特に不自然な結果ではありません．ただ，表1.1のようにまとめてしまうと，A君は本当にサイコロをふったのか，それともB君よりは統計的方法の知識があった上でごまかしているのかはわかりません．しかし，100回のサイコロの目を出た順番で観察すれば，A君が本当にサイコロをふったのかどうかを判断することはできます．

データのねつ造は，よほどの専門的な知識をもって設計しないかぎりは，ばれる運命にあります．

もうひとつ別の例を考えてみましょう．プロ野球選手で打率が3割のバッターなら，10回の打数のうち何回くらいヒットを打つと期待できるでしょうか？　ただし，フォアボールやデッドボール，犠牲フライや犠牲バントは，打率の計算では打数に算入しません．

直観的に考えると，$10 \times 0.3 = 3$ 本のヒットを期待できそうです．理論的に考えてみましょう．10打数中 k 本のヒットが出る確率は，**2項分布**の確率を求める式に基づいて計算することができて，表1.3のようになります．確かに，3本のヒットが出る確率が0.267と一番高い値になります．しかし，その前後の結果となる確率も結構

表1.3　3割バッターが10打数中 k 本ヒットを打つ確率

ヒット数 k	0	1	2	3	4	5
確　率	0.028	0.121	0.233	0.267	0.200	0.103
ヒット数 k	6	7	8	9	10	計
確　率	0.037	0.009	0.001	0.000	0.000	1.000

高いことがわかります．つまり，期待される値の近くになるけれども，期待どおりにはならないことが多いことを意味しています．

表1.3より，10打数中2～4本のヒットを打つ確率（10打数で計算した打率が2割から4割の間になる確率）は 0.233＋0.267＋0.200＝0.700 となることに注意しましょう．

それでは，今度は，3割バッターが100回の打数の機会に対して何本のヒットを打つのかを同じように計算してみます．結果の一部を表1.4に示します．この場合，ヒットの本数 k は 0～100 までの整数値を取ることができますが，表1.4には k が 20～40 の場合だけを示しています．この場合も 100×0.3＝30 となる確率が最大です．k の取りうる値はたくさんありますから，それぞれの確率は小さな値になっています．一方，100打数中20～40本のヒットを打つ確率（100打数で計算した打率が2割から4割の間になる確率）は表1.4の計の欄より 0.979 です．これは，表1.3より求めた 0.700（打率が2割から4割の間になる確率）よりずいぶん大きくなっています．

多くの打数を考えると，真の打率（3割）に高い確率で近づくこ

表1.4 3割バッターが100打数中 k 本ヒットを打つ確率

ヒット数 k 確　率	20 0.008	21 0.012	22 0.019	23 0.028	24 0.038	25 0.050
ヒット数 k 確　率	26 0.061	27 0.072	28 0.080	29 0.086	30 0.087	31 0.084
ヒット数 k 確　率	32 0.078	33 0.069	34 0.058	35 0.047	36 0.036	37 0.027
ヒット数 k 確　率	38 0.019	39 0.013	40 0.008	計 0.979		

とがわかります．だからこそ，プロ野球で**首位打者を決めるときには規定打席数が設けられています**．シーズンの最初の頃に4割バッターや5割バッターがいたとしても，シーズンの終わりまでその成績が続くとは誰も思いませんし，実際にそうなったこともありません．

データ数が多くなると，計算された比率は真の値に近づきます．このことを**大数の法則**と呼びます．打数がどんどん増えれば，データから求めたバッターの打率はそのバッターの真の打率（真の実力）に近づきます．

表1.3や表1.4に示した**確率の値のわりふりを確率分布と呼びます**．計数値データの場合には，表1.3や表1.4のように表すことができます．表1.1や表1.2の例では，"それぞれの目の出る確率（正しいサイコロの場合）は1/10"が確率分布になります．

計量値データの場合の確率分布については，データをたくさん取って作成したヒストグラムをイメージしてみてください．

統計的方法では，**データがばらつくことを"確率分布に従ってばらつく"**と考えて科学的に考察していきます．

✿ポイント✿

(1) データはばらつくものである．

(2) ばらつきの大きさは予想より大きいことがある．

(3) ばらつきの大きさを確率分布として科学的に考える．

第 2 章
統計的方法により何をするのか

2.1 データに語らせる

　第1章に述べたように，データは全体の一部にすぎず，しかも誤差をもっています．

　しかし，適切に採取したのなら，データは母集団の情報を含んでいます．私たちは，**その情報をできるだけ的確に取り出してアクションに活かす必要があります**．

　データをただ眺めていただけでは，その情報を読みとることは容易ではありません．でも，**データは何かを語ろうとしているはずです**．

　データにそれがもっている情報を適切に語らせてあげる手段が統計的方法です．グラフを作成したり，データを整理・要約して**統計量**を計算したり，誤差の大きさを把握することによって，**データが語りやすくなるように助けてあげなければなりません**．

　データに語らせるためには工夫が必要です．データの取り方とデータのパターンや種類に応じて適切な統計的方法を適用しなければなりません．

　"それぞれの状況に応じてどのようなグラフを作成すればよいのか"，"それらから何を読みとるのか"，"どのようにデータをまとめればよいのか"，"どの程度の誤差を見積もらねばならないのか"，"どれくらいの結論を述べることができるのか"を判断して考察しなければなりません．

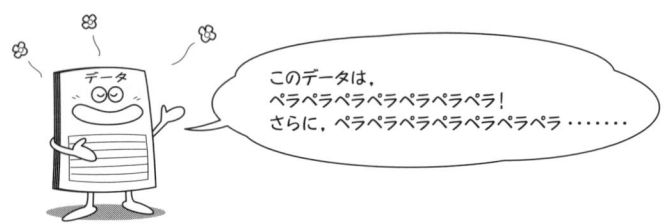

正しくない手法を適用すると,データは気分を害して間違ったことを語り始めるかもしれません.正しい手法を用いて,様々な角度からデータと向き合う必要があります.そうすることによってデータは饒舌になってくれるでしょう.

統計的方法は,データとつきあい,データを口説くための手段です.

> ❂ポイント❂
> (1) データは語りたがっている.
> (2) データに気分よく饒舌に語らせたい.
> (3) 統計的方法を使ってデータを口説く.

2.2 視覚化する

データは,多くの場合,数値の羅列ですから,それをただ眺めているだけではなかなか役に立つ情報を読みとることは困難です.

そこで,**グラフ等を作成して,データを視覚化することが有用です.**

統計的方法では,データを視覚化するためのいろいろな方法が提

案されています.いくつかは基本的で常識的です.しかし,簡単そうに見えても,基本をていねいに勉強する必要があります.

そして,"**グラフの効用**" だけでなく "**グラフが招く誤解の可能性**" を含めて理解する必要があります.

いくつかの例をあげて考えていきましょう.

まず,グラフの効用についてです.計量値データがたくさんあるとき,**ヒストグラム**を作成することができます.図 2.1 はヒストグラムの例です.ヒストグラムを作成することにより,データの中心位置,バラツキの大きさ,**異常値**(**外れ値**とも呼びます)の有無等を観察することができます.

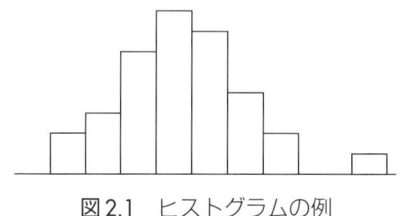

図 2.1　ヒストグラムの例

次に,2 次元の計量値データの場合を考えてみましょう.計量値データが対(ペア)の形で対応していれば,**散布図**を作成することができます.**散布図を描くと,ヒストグラムではわからなかった特徴を見つけることができます**.

図 2.2 (a) の散布図では,縦軸と横軸の変数に対して右上がりの直線関係(**正の相関関係**)のあることがわかります.異常値がひとつありますが,これは横軸のヒストグラムからも読みとれます.一方,図 2.2 (b) の散布図では,右下がりの直線関係(**負の相関関係**)を観察することができます.さらに,散布図から異常値をひとつ識別できますが,これは,横軸及び縦軸のどちらのヒストグラムから

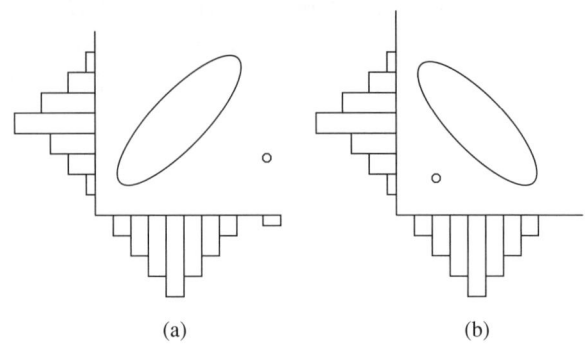

図2.2 ヒストグラムと散布図

も見いだすことのできないものです．

このように，2次元のグラフを描くことにより1次元のグラフでは見えないもの（相関関係や異常値の有無）を把握できることがあります．

ある大学の入学試験では，大学入試センター試験と2次試験（英語・数学・国語）の合計点で合否が決まるとしましょう．"合格者"

について，相関関係はどのようになるでしょうか？

"相関関係がない場合がある"とか"負の相関関係の場合がある"というと驚かれますか？

ここでは，"合格者だけ"について考えているところがポイントです．"受験生全体"を考えれば正の相関があるはずです．図2.3の三つの散布図の右上がりの楕円はこの関係を表しています．この中で，"合格者"は横軸と縦軸の合計が一定値（ボーダー）より大きい人たちですから，楕円の内部でボーダー（ライン）より右上の部分です．この"合格者"だけの部分の形を見れば，それぞれの場合の横軸と縦軸の相関関係を考察することができます．

図 2.3 (a) は"受験生全体"の半分くらいの人たちが合格する場合です（倍率は2倍くらいです）．このとき，"合格者"では，横軸と縦軸は無相関に近くなります．図 2.3 (b) の場合は，受験生のほとんどの人たちが合格します．このときは，"合格者"では正の相関になります．図 2.3 (c) の場合は，受験生のごく一部しか合格しません．このときは，"合格者"では負の相関になります．

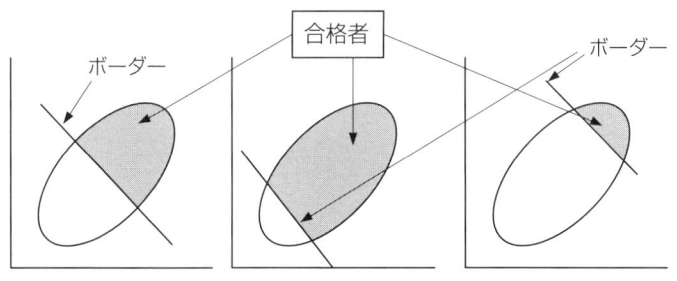

(a) 倍率が2倍程度　　(b) 倍率が1.2倍程度　　(c) 倍率が10倍程度

図 2.3　大学入試の成績の散布図
（横軸：大学入試センター試験，縦軸：2次試験）

このようなことは，合格者だけのデータを用いて散布図を描いてみれば，その形状から理解できます．しかし，散布図を描かずに相関係数だけを見ているのなら奇妙な結果と思えるでしょう．

この例を，皆さんの仕事の場面におきかえて考えて下さい．"受験生全体"を"製品全体"，"合格者"を"不良品"とおきかえるとどうでしょうか？ 現状把握として不良品だけのデータで考えるとどうなるでしょうか？ **不良品だけを考えて不良品の特徴を見いだせるでしょうか？**

次に，図2.4の二つのグラフを見比べてください．ずいぶん印象が違いませんか？ どちらも同じ表2.1のデータに基づいて作成し

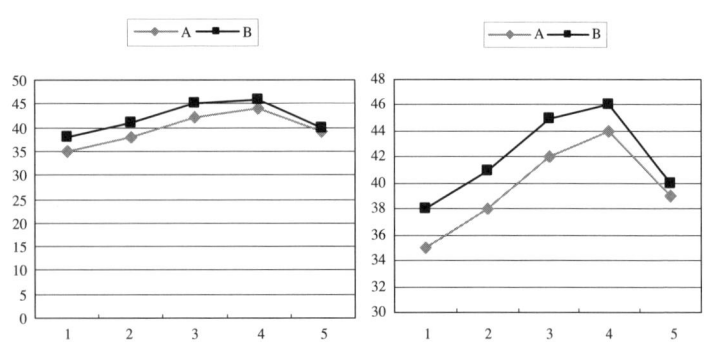

図2.4　表2.1に基づく折れ線グラフ
（縦軸の目盛りの取り方が異なる）

表2.1　データ

	1	2	3	4	5
A	35	38	42	44	39
B	38	41	45	46	40

たものです．縦軸の目盛りの取り方が異なっています．

どちらの結果を印象づけたいかによって図2.4の二つのグラフを使い分けるなら，まさに"統計でウソをつく方法"になりかねません．グラフはデータに語らせるための道具です．どちらのグラフから有用な考察を得ることができるのかを考えて，使い分けや作成の工夫をしなければなりません．他人の描いたグラフを見るときにも注意しましょう．

グラフの作成とその考察で終わるのではなく，回帰分析や分散分析等を用いた**客観的な解析のあと，それらの結果に基づいてもう一度グラフを考察することが大切**です．

> ✿ポイント✿
> (1) グラフの効用とグラフが招く誤解を理解する．
> (2) ヒストグラムで見えないものが散布図では見える．
> (3) データ解析後にもう一度グラフを見て考察する．

2.3 見積もる

考察の対象となる結果の指標を特性と呼び（応答とも呼びます），特性の値を特性値と呼びます．例えば，ある製品で，長さが重要なら特性は長さですし，重量が重要なら特性は重量です．

いま問題として取り上げている製品の特性が長さだとしましょう．このとき，製品の長さについてデータを取って，考察することになります．

製品の長さに関して上側と下側に規格があるとします．このとき，規格を外れる確率，すなわち不良率を見積もる必要があります．

不良率を P と表します．これは製品全体の不良率ですから，母集団としての不良率という意味で，**母不良率**と呼びます．母不良率のように母集団の**パラメータ**を**母数**と呼びます．

母不良率の値は未知ですから，**データを取ってこれを見積もる必要があります**．製品をランダムに n 個取ったとき x 個の不良品を見いだすなら，

$$\hat{P} = \frac{x}{n} \quad (=p \text{とおく})$$

を用いて P を見積もることができます．**データより母数を見積もることを推定（estimation）と呼びます**．

ここで，"＾"は帽子をかぶっているように見えることからハットと呼び，データから母数を推定していることを意味します．$\hat{P}$（ピーハットと読みます）を**標本不良率**と呼びます．

このように，母数をひとつの値で推定することを**点推定（point estimation）**と呼びます．しかし，誤差がありますから，**点推定の値を額面どおりに信じることはできません**．

点推定に対して，**区間推定**という推定方法があります．これは，推定したい母数の真値が区間（△△，○○）の間に95%の**信頼率**であるだろうという見積もり方です．推定しようとしている母数の値は"**小さく見積もれば△△くらい，大きく見積もっても○○くらい**"と高い確率で考えられるという意味です．

区間推定により得られた区間を**信頼区間**と呼びます．

例えば，"今度のプロジェクトの経費は□□くらいだろう．安くあがれば△△くらい，高くても○○くらいまでにはおさまるだろう"という見積もり方をするとしましょう．ここで，□□が点推定，（△△，○○）が区間推定です．統計的方法は科学的方法ですから，**この区間の精度を信頼率という形で保証します．**

信頼率95%の母不良率の信頼区間を次式で求めます．

$$\left(\hat{P} - 1.96\sqrt{\frac{\hat{P}(1-\hat{P})}{n}},\quad \hat{P} + 1.96\sqrt{\frac{\hat{P}(1-\hat{P})}{n}}\right)$$

テレビの視聴率で，ランダムに選んだ $n=600$ 世帯中，番組Aを $x=120$ 世帯が見ていたなら，視聴率は $\hat{P} = x/n = 120/600 = 0.20$ となります．この値を上式の区間推定の式に代入すると

$$\left(0.20 - 1.96\sqrt{\frac{0.20(1-0.20)}{600}},\quad 0.20 + 1.96\sqrt{\frac{0.20(1-0.20)}{600}}\right)$$
$$= (0.20 - 0.03, 0.20 + 0.03)$$
$$= (0.17, 0.23)$$

となります．これより，±0.03（=±3%）程度の誤差を考慮して判断する必要があることがわかります．

誤差をもう1けた小さくする（±0.003程度にする）ためには，上の区間推定の式より，サンプルサイズ $n=600$ を100倍の $n=60\,000$ とする必要があります．これらのことは，すでに1.4節でも述べました．

上では，不良率を考えました．いま，製品の重要な特性が長さなら，規格内に"入る"，"入らない"により良・不良を判定する（計数値データで解析する）のではなく，長さ自体を計量値データとして解析していくことも考えられます．

計量値データを解析する場合には，ヒストグラムをイメージするとわかるように，**中心位置とバラツキの大きさの二つの観点があります．**

母集団の中心位置を**母平均**と呼び，μ（ミューと読みます）と表します．母集団のばらつき具合を**母分散**と呼び，σ^2（シグマ2乗と読みます）と表します．また，母分散の正の平方根を**母標準偏差**と呼び，σと表します．これらのμ, σ, σ^2も母数です．

計量値データ $x_1, x_2, \cdots, x_n$ より母平均，母分散，母標準偏差を推定するために，**標本平均，標本分散，標本標準偏差**を次のように求めます．

$$\hat{\mu} = \bar{x} = \frac{x_1 + x_2 + \cdots + x_n}{n}$$

$$\hat{\sigma}^2 = V = \frac{(x_1 - \bar{x})^2 + (x_2 - \bar{x})^2 + \cdots + (x_n - \bar{x})^2}{n-1}$$

$$\hat{\sigma} = s = \sqrt{V}$$

ここで，標本分散を求めるとき，上式では $n-1$ で割っていますが，n で割る場合もあります．

これらの計算原理のイメージ図を図2.5に示します．点が大きく散らばるほど，標本分散が大きくなることを確認してください．

これらに基づいた区間推定の方法もあります．

不良率だけでは，どれくらいの不具合があるのかしかわかりません．一方，平均や分散を求めると，**中心位置は規格の中心からどれくらいずれているのか，バラツキをどれくらいにおさえなければな**

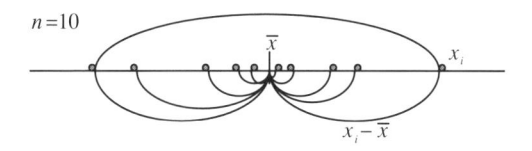

第2章　統計的方法により何をするのか　　　　35

$n=10$　　　　　　　$\bar{x}$　　　　　　x_i

　　　　　　　　　　　　　$x_i - \bar{x}$

図2.5　標本平均と標本分散のイメージ図

らないのかが定量的に把握できます．

> ✿ポイント✿
> (1) データから母数の値を見積もることを推定と呼ぶ．
> (2) 推定された値を額面どおりには受け入れられない．
> (3) 誤差を考慮した見積もり方を区間推定と呼ぶ．

2.4 比べる

　2種類の製造方法AとBの性質を比べたいとします．どうすればよいでしょうか？　製造方法を比べるといっても，いったい何を比較すればよいのでしょう？

　製造方法のメカニズムの違いは固有技術的なものであり，**原因系の要因**です．一方，製品の出来映えは製造方法の性能を表し，**結果系の指標**です．**原因系の要因の違いや変化により結果系に違いが見いだされるかどうかを検討します**．

　2.3節と同様，特性が長さだとします．このとき，製品の長さに基づいて製造方法AとBの性能の違いを比較します．

　それぞれの製造方法で製造したとき，規格を外れる確率，すなわち母不良率を比較したいという観点があります．

それぞれの母不良率をP_A, P_Bと表します．これらを推定するために，製造方法Aによる製品をランダムにn_A個取ります．そのときx_A個の不良品を見いだすなら，$\hat{P}_A = x_A/n_A$（$=p_A$とおく）で母不良率P_Aを推定します．同様に，製造方法Bによる製品をランダムにn_B個取ったときx_B個の不良品を見いだすなら，$\hat{P}_B = x_B/n_B$（$=p_B$とおく）で母不良率P_Bを推定します．

標本不良率には誤差がありますから，$\hat{P}_A \neq \hat{P}_B$だからといって即座に母不良率が$P_A \neq P_B$，**すなわち，製造方法の性能が異なるとは断定できません**．性能が同じ（$P_A=P_B$）であっても，誤差を考えれば$\hat{P}_A$と$\hat{P}_B$は多少は異なるでしょう．

しかし，$\hat{P}_A$と$\hat{P}_B$が大きく異なっていればどうでしょうか？　そのときは，$P_A \neq P_B$と断定してよいはずです．このように断定できれば，二つの製造方法に違いがあるのですから，**なぜ違いが生じているのかを調査する意義が出てきます**．結果に違いを生じさせる原因系の要因を探すべきことを教えてくれています．

$\hat{P}_A$と$\hat{P}_B$が大きく異なるかどうかは，誤差の大きさを超えているかどうかに基づいて判断します．2.3節の区間推定の式からわかるように，誤差の大きさはサンプルサイズに依存します．統計的方法では，サンプルサイズを考慮して誤差の大きさを把握し，標本不良率の違いから，母不良率に違いがあるのかどうか，つまり，**二つの製造方法の性能に本質的な違い（統計的有意差と呼びます）があるのかどうかを判定します．**

このような考え方を統計的方法では**検定**（test）と呼びます．

上では，製品の不良率に基づいて製造方法の比較を考えました．いま，製品の重要な特性は長さですから，規格内に入る・入らないにより良・不良を判定する（計数値データで解析する）のではなく，実際に長さを測定して，計量値データとして解析していく方向も考

えられます.

長さ自体を計量値データとして，二つの製造方法を比較することを考えましょう．**計量値データを取り扱うときには中心位置とバラツキの大きさの二つの観点がありました．**

製造方法 A による製品を n_A 個ランダムに選び，それぞれの長さを測定し，データから計算した標本平均を $\bar{x}_A$，標本分散を V_A と表します．同様に，製造方法 B による製品を n_B 個ランダムに選び，データから計算した標本平均を $\bar{x}_B$，標本分散を V_B と表します．このとき，$\bar{x}_A$ と $\bar{x}_B$ が大きく異なれば（誤差の大きさを超えた違いが見いだせるなら），二つの製造方法で製造した製品のそれぞれの長さの母平均について $\mu_A \neq \mu_B$ と判断できます．また，V_A と V_B が大きく異なれば，二つの製造方法で製造した製品のそれぞれの長さの母分散については $\sigma^2_A \neq \sigma^2_B$ と判断できます．

2.3 節で述べた推定の方法や考え方は，統計的方法の初学者でも比較的なじみやすいものです．それに対して，**検定の方法や考え方は少し形式的で，初学者にはなじみにくいところがあります．**

また，検定では，有意水準，帰無仮説，対立仮説，棄却域，棄却限界値，片側検定，両側検定，検出力，検定統計量等のように，初学者の頭の中にすぐにはおさまらないような用語が多数登場します．

しかし，たくさん存在する統計的検定の手法において，検定の考え方や用語は共通です．**多少訓練をして慣れることができれば，理解は早く深くなります．**

> ✿ポイント✿
> (1) 違いの有無を判定するやり方を検定と呼ぶ.
> (2) 検定には多くの用語があるのでとっつきにくい.
> (3) 用語は多くの手法を通じて共通である.

2.5 相関を測る

二つの変数 x と y があるとき,それらの関連を知りたいことがよくあります. x が増加するときそれに伴って y が増加するとか,その逆だとか,又は何の関係もないとかです.こういったことを視覚的に調べる手段が散布図です.

その直線的な関連の強さを定量的に測る量を相関係数と呼びます. n 組の対のデータ $(x_1, y_1), (x_2, y_2), \cdots, (x_n, y_n)$ に基づいて,相関係数を次式より計算します.

$$r = \frac{(x_1-\bar{x})(y_1-\bar{y})+\cdots+(x_n-\bar{x})(y_n-\bar{y})}{\sqrt{\{(x_1-\bar{x})^2+\cdots+(x_n-\bar{x})^2\}\{(y_1-\bar{y})^2+\cdots+(y_n-\bar{y})^2\}}}$$

この値は $-1 \leqq r \leqq 1$ となります. r が 1 に近ければ正の相関が強い,-1 に近ければ負の相関が強い,0 に近ければほぼ無相関と考えます.図 2.6 を参照してください.

相関係数を計算して考察するときには,散布図を必ず作成することが必要です.

図 2.7 を見てください.図 2.7 (a) では,異常値を含めずに相関係数を計算すると 1 に近い値になりますが,異常値を含めて相関係数を計算するとゼロに近くなります.また,図 2.7 (b) では,異常値

図2.6　散布図と相関係数

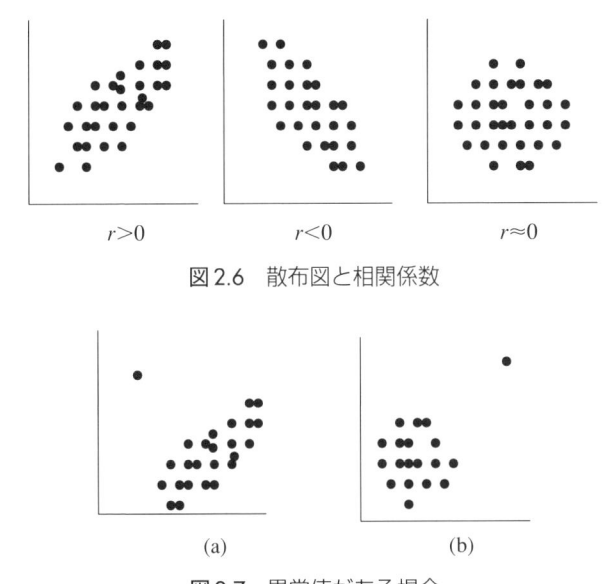

図2.7　異常値がある場合

を含めずに相関係数を計算するとゼロに近い値になりますが，異常値を含めて相関係数を計算すると1に近くなります．

相関係数に限らず，**データをグラフ化して異常値の有無を観察することはつねに重要です**．

次に，図2.8を見てください．図2.8 (a) では，層別して相関係数を計算するとそれぞれの集団での相関係数は1に近い値になりますが，層別せずに相関係数を計算するとゼロに近くなります．また，図2.8 (b) では，層別して相関係数を計算するとそれぞれの相関係数はゼロに近い値になりますが，層別せずに相関係数を計算すると1に近くなります．

図2.8のように層別できる場合は，**層別した結果を重視すべきで**

(a)　　　　　　　　　　　(b)

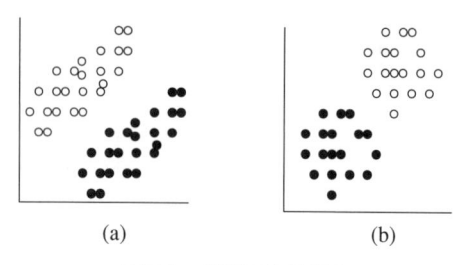

図2.8　層別できる場合

す．

　さらに，図2.9を見てください．図2.9では曲線的な関係があります．しかし，相関係数を計算するとゼロに近い値になります．すなわち，相関係数は，二つの特性間の関連の強さを表しているのではなく，二つの特性間に直線的な関係がある場合にその強さを表す指標です．

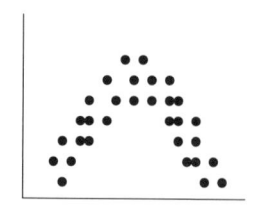

図2.9　曲線関係がある場合

相関関係は必ずしも因果関係を表すわけではありません．二つの特性xとyの相関係数が1に近いとしましょう．

① xがyの原因で相関係数が大きい可能性があります
② yがxの原因で相関係数が大きい可能性があります
③ xとyに共通の原因の特性zがあって，zが変動するときxとyが共に変動すれば，xとyの相関係数は大きくなる可能性があ

必ずしも因果関係を表しません

りあます

③の状況におけるxとyの相関を**擬似相関**と呼びます．このときにはxとyの間には因果関係はありません．

因果関係があるかどうかとその向きは，片方の特性を変化させたとき他方の特性がそれにともなって変化するかどうかを観察すればわかります．ただ，因果関係の有無や因果の方向については，固有技術的な観点から慎重に考察しておくべきです．

因果関係がなくても相関関係を利用することはできます．例えば，yが目的の特性ですが，その測定が難しいとか，時間やコストがかかる場合には，yと高い相関関係をもつ別の特性xを代用特性として用いることが考えられます．ただし，因果関係がないならば，xを変化させてもyは望むようには変化しません．

散布図と相関係数の計算や解釈は簡単そうなことであり，誰もがわかっているつもりになっていることなのですが，以上に述べた注意事項を理解した上で活用しなければ**誤解の温床になる可能性があ****ります**．

> **◎ポイント◎**
> (1) 相関係数を計算するときには必ず散布図を作成する.
> (2) 相関関係は必ずしも因果関係を意味しない.
> (3) 相関係数の使用には多くの注意が必要である.

2.6 関係を式で表す

二つの特性（変数）x と y の散布図が図2.6の形のようになったら，**データによく当てはまる直線**を求めたくなるでしょう.

このとき，よく用いられる考え方が**最小2乗法**です．これは，データの各点から直線へのズレ具合（**残差**と呼びます）を2乗して加えあわせた量（**残差平方和**と呼びます）が最も小さくなるように求めた直線です．

このような直線を**回帰直線**と呼びます．次のように表現します．

$$y = b_0 + b_1 x$$

データ $(x_1, y_1), (x_2, y_2), \cdots, (x_n, y_n)$ から b_0 と b_1 を求めます．

図2.10を見てください．目分量でもこのような直線を求めるこ

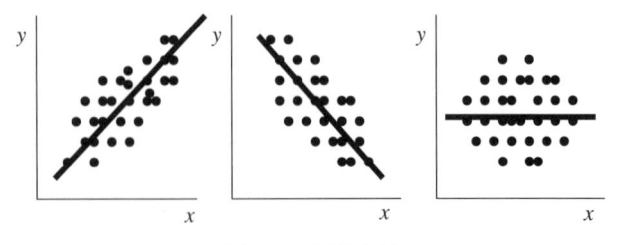

図 2.10 回帰直線

とはできますが，最小2乗法は誰が計算しても同じ結果が得られる客観的で合理的な考え方です．また，回帰直線を求めたあとに，その式を評価し，それを用いて解析を続けていくときにも，このような客観的な解析手段を用いる必要があります．

図2.9の場合には**曲線を当てはめる必要があります**．この場合にも最小2乗法を用います．このときには，

$$y = b_0 + b_1 x + b_2 x^2$$

をデータより求めます．図2.11を参照してください．

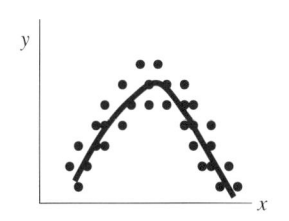

図2.11　曲線関係がある場合

ところで，**二つの特性 x と y のうち回帰式の左辺にするのはどちらでしょうか？**

原因と結果の関係がある場合には結果を左辺におきます．原因と結果の関係があるかどうかはわからないが，時間的な先行性がある場合には時間的に後に観測される特性を左辺におきます．

回帰分析では，左辺におく特性 y を**目的変数**と呼び，右辺におく変数 x を**説明変数**と呼びます．

説明変数 x から求めた回帰式を用いて目的変数 y の値を当てる（これを**予測**と呼びます）ことが解析のひとつの目的です．

求めた回帰式が使いものになるかどうかを評価しなければなりません．

例えば，図2.12の三つの散布図を見比べてください．どの散布図に基づいても最小2乗法で回帰直線が求まります．図2.12 (a) の場合，求めた回帰式は使えそうです．説明変数xの値を指定することにより目的変数yの値を小さな誤差で予測できそうです．図2.12 (b) の場合には誤差が結構あります．予測も不正確になるでしょう．図2.12 (c) の場合には誤差が相当大きく，得られた回帰式はほとんど役に立ちそうもありません．

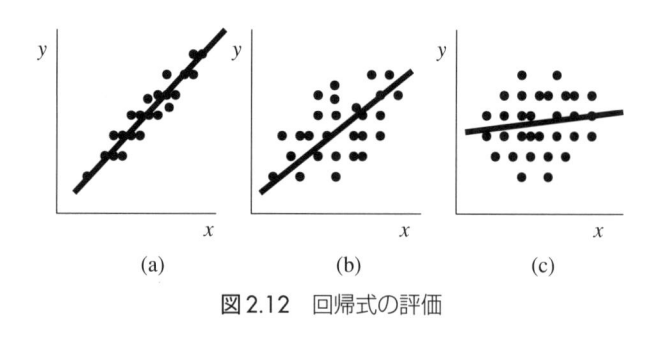

図2.12　回帰式の評価

このように，得られた回帰式が役に立つかどうかを検討しなければなりません．その指標として**寄与率**があります．寄与率が高いほど，求めた回帰式は有用です．

説明変数と目的変数を設定して，最小2乗法により回帰式を求め，その評価を行って，予測に利用する，という統計的方法を**回帰分析**と呼びます．

説明変数xから目的変数yを当てる作業を"予測する"と述べました．これを"予想する"という人がいます．この述べ方は統計的方法としては正しくありません．"予想（よそう）"は科学的な言葉ではありません（"よそう"を逆から読んでみてください）．

> ✿ポイント✿
> (1) 回帰分析ではデータに当てはまる式を求める.
> (2) 求めた回帰式を評価して使う.
> (3) 回帰分析は予測に使う.

2.7 多くのものを同時に比較する

2.4節では二つの母集団の比較について述べました.ここでは,**三つ以上の母集団を同時に比較する**ことを考えましょう.

製造方法がA, B, Cと三つあり,それらの性能を比較したいとします.このときは,それぞれの製造方法ごとにひとつずつ母集団を対応させて比較します.比較の観点,すなわち,どの母数を比較するのかは,母不良率,母平均,母分散等があります.

一般に,原因系の要因(**因子**と呼びます)を選び,その条件(**水準**と呼びます)を何通りか設定して,それぞれの条件のもとでデータを取って,**その結果を比べたい場合があります**.これらの因子は,特性と因子との関係についてブレーンストーミングして作成した図2.13の**特性要因図**に基づいて選ばれることがあります.

ある素材の強度を研究する目的で,図2.13の特性要因図に基づき因子として反応温度Aを4水準設定して実験する場合を考えます.**それぞれの水準ごとにひとつの母集団を対応させて**,データに基づいて四つの母集団に違いがあるかどうかを検討します.

図2.14は,各水準で3回ずつの実験を行って,得られたデータを図示したものです.12個のデータすべてを左端に集めています.**この12個のデータは大きくばらついています.なぜでしょうか**?

図2.13 特性要因図

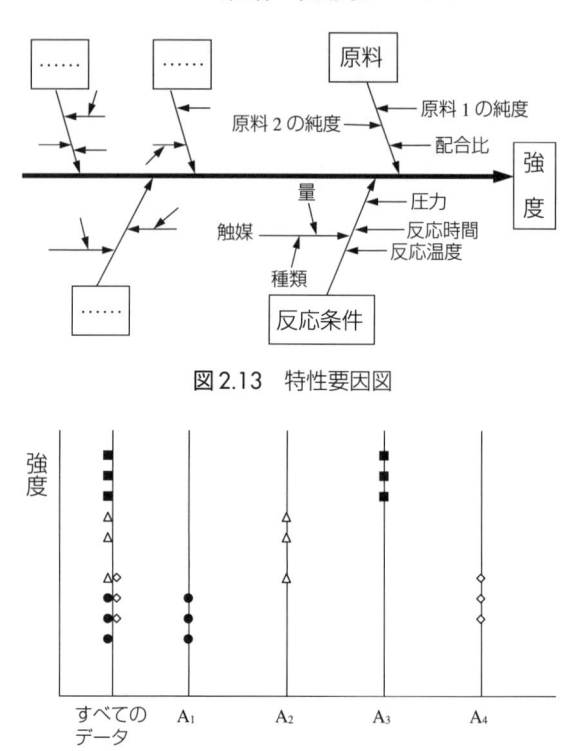

図2.14 強度のデータ

　それは，反応温度を変化させた（因子 A の水準をふった）結果，強度を小さくする水準のデータと強度を大きくする水準のデータが混じっているからだという理由をあげることができます．それは，**この実験で検討したいことそのものです**．

　一方，同じ反応温度であっても（要因 A の水準が同じであっても）データは若干ばらついています．この点については，理由をいろいろと考えることができるかもしれませんが，とりあえず，**実験**

誤差と考えることにします．

　すなわち，データのバラツキを"**水準の違いによるバラツキ**"と"**実験誤差**"に分けて考えることができます．

　"水準の違いによるバラツキ"が"実験誤差"よりも大きいとみなせるなら，有意差があると考えることができます．すなわち，因子Aの水準をふることにより，**強度を変化させることができます**．よい水準を選んで望ましい結果を導くことができます．

　なぜ反応温度Aを変化させることにより強度が変化するのかの物理的ないしは化学的なメカニズムを，上のデータ解析の結果は教えてはくれません．しかし，得られた結果は貴重で有用です．

　図2.14に示したデータを採取して，水準を変化させることより有意差が生じるかどうかを検討する方法を**1元配置分散分析**又は**1元配置法**と呼びます．"1元"とは因子をひとつだけ取り上げていることを意味します．1元配置分散分析は**実験計画法**と呼ばれる統計的方法の分野の中の一番基本的な手法です．

　実験計画法というと，物理実験や化学実験の具体的な実験方法の解説のように聞こえるかもしれませんが，そうではなくて，データをどのように取り，それをどのように解析するのかの一連の統計的方法の総称です．データの取り方が違えば解析方法が異なります．

　実験計画法は，品質管理における統計的方法の中心的な手法群のひとつです．

　実験計画法を学ぶことにより，データを取ることを**他人まかせにはできなくなると思います**．

> **✿ポイント✿**
> (1) 実験計画法では因子の水準をふって比較する.
> (2) データのバラツキを水準の違いと誤差に分解する.
> (3) データの採取を他人まかせにできなくなる.

2.8 因子の相性

2.7節では、ひとつの因子を何水準かふって実験する場合を述べました. それに対して、**二つ以上の因子を同時に取り上げて実験する**場合もあります. 二つの因子を同時に取り上げると**2元配置分散分析（2元配置法）**、三つの因子を同時に取り上げると**3元配置分散分析（3元配置法）**と呼びます.

二つ以上の因子を同時に取り上げると**交互作用**という概念が登場します. これは、**二つの因子のある水準組合せで特別な効果が生じる**ことを言います.

図2.15の二つの図は、両方とも、因子AとBを同時に取り上げ、

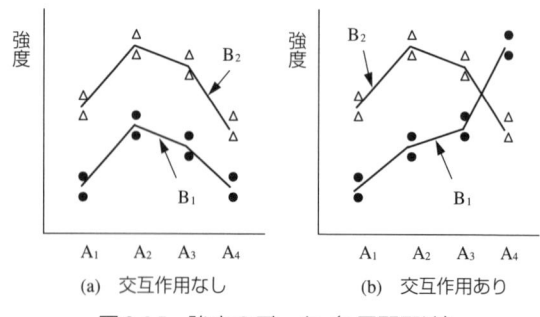

図2.15 強度のデータ（2元配置法）

因子Aは4水準，因子Bは2水準を設定して，それぞれの水準組合せで2回ずつ実験を行ったデータを図示したものです．

図2.15 (a) では，Aの水準にかかわらず，B_2よりB_1の方が強度のデータは小さな値になっています．また，B_1とB_2のどちらの場合も，Aの水準が変化した場合の増減のパターンは同様です．このようなグラフは交互作用がないことを示しています．

それに対して，図2.15 (b) では，Aの水準によって，B_1とB_2の優劣が逆転しています．このようなグラフは交互作用が存在することを示しています．

それぞれの水準組合せごとのデータの平均を結んだ折れ線がほぼ平行なら交互作用がないことを示唆し，平行性がくずれていれば**交互作用が存在することを示唆します．**

交互作用は，日常用語の相互作用，組合せ効果，相性と同じです．

相乗効果や相殺効果は交互作用の一種です．食べ物の食い合わせも交互作用の一種です．病院に行って薬をもらうときに医師が"いま服用している薬がありますか？"と聞くのは，ある種の薬を同時

に服用すると交互作用により処方する薬が効かなかったり，場合によっては危険だったりするからです．

交互作用が存在するかどうかを検討したい場合は少なからずあります．現実の場では，交互作用を上手にとらえることが課題になることがあります．個々によいものを組み合わせても，全体としてよくならないのは交互作用のしわざです．

> ✿ポイント✿
> (1) 複数の因子には交互作用が存在することがある．
> (2) 交互作用は相性のようなものである．
> (3) グラフが平行でないなら交互作用がありうる．

2.9 因子を絞り込む

問題解決の初期段階では，特性に対してどの因子が効いているのか，すなわち，どの因子の水準を変えれば結果が違ってくるのかがよくわからないことが多いと思います．だからこそ，実験を行って，どの因子が効いているのか，そしてどの水準を選べばよいのかを検討する必要があります．

ところが，**問題解決の初期段階では多くの因子が候補として存在します．**

例えば，因子の候補としてA, B, C, D, F, G, Hの七つがあるとします（Eの記号は誤差のために使います）．2.8節の図2.15を見るとわかるように，2元配置法を行うと，すべての水準組合せで実験することになります．七つの因子を同時に考えるのなら，それぞれの因子を2水準にするとしても，すべての水準の組合せの総数は

$2^7=128$回になります．それぞれの因子を3水準とするとすべての水準の組合せの総数は$3^7=2\,187$回になります．

多数回の実験が容易なら，実施すればよいでしょうが，ふつうは，このような多数回の実験の実施はコスト的にも時間的にも困難な場合が多いでしょう．

このようなときに**非常に強力で便利な道具が直交表（直交配列表とも呼びます）です．**

直交表を用いれば，少ない回数の実験で，多くの因子を同時に検討することができます．例えば，七つの因子（各因子で2水準）を同時に考えるとき，いくつかの交互作用についての制約をおくことにより，16回の実験で各因子及びいくつかの交互作用の効果を検討することができます．

実験回数が減れば，解析精度が落ちます．

しかし，問題解決の初期段階では，多少の解析精度を落としても，めぼしい因子を効率的に絞り込む方が得策です．因子を絞り込んだあとで，もっと多くの水準を設定して最適な水準を選定する方向に進みます．

直交表を用いた実験は，日本の品質管理の分野では古くからよく用いられてきました．日本の技術者の多くがこの手法を使いこなすことができるレベルまで統計的方法を勉強してきたことが，日本の品質管理を高いレベルに押し上げたひとつの要因です．

✿ポイント✿

(1) 問題解決の初期では多くの因子が候補にあがる．
(2) 直交表実験により因子を絞り込む．
(3) 少ない実験回数で多くの情報を得る．

2.10 多くの変量の関連を調べる

結果系の特性や原因系の因子・要因をまとめて**変量**（又は**変数**）と呼びます．多くの変量に関するデータに基づいて，それらの関連を調べたいというニーズがあります．

ひとつの特性に対して**多くの要因がどのような関係式で結びついているのか**を知りたい場合があります．

2.6節では，ひとつの特性（**目的変数**）とひとつの要因（**説明変数**）との関係式について述べました．2.6節のように，説明変数がひとつの場合の回帰分析を**単回帰分析**と呼びます．一方，説明変数が複数個になると**重回帰分析**と呼びます．

また，要因どうしの関連を調べて，要因を分類したい場合や，サンプルを分類したい場合もあります．

表2.2のデータの形式を**多変量データ**と呼びます．サンプルサイズがnで，それぞれのサンプルごとにp個の変量の値が観測されている形式です．

多変量データを解析する一連の統計的方法の総称を**多変量解析法**と呼びます．"それぞれの変量が計量値データなのか計数値データなのか"，"変量が原因系の要因だけなのか，結果系の特性だけなのか，両者が混ざっているのか"，さらに"どのような情報を取り出

表2.2　多変量データ

No.	x_1	x_2	x_3	$\cdots$	x_p
1	x_{11}	x_{12}	x_{13}	$\cdots$	x_{1p}
2	x_{21}	x_{22}	x_{23}	$\cdots$	x_{2p}
$\vdots$	$\vdots$	$\vdots$	$\vdots$	$\vdots$	$\vdots$
n	x_{n1}	x_{n2}	x_{n3}	$\cdots$	x_{np}

第2章 統計的方法により何をするのか

したいのか（解析の目的は何なのか）"等によって，多変量解析法の手法を使い分けます．

多変量解析法では，変量間の相関関係をたくみに利用して変量間の関係を導きだし，必要な情報を獲得するのに役立てます．

n人の生徒に国語（x_1），英語（x_2），数学（x_3），理科（x_4）の試験をしたとします．通常は，これらの総合点z_1

$$z_1 = x_1 + x_2 + x_3 + x_4$$

を用いて学生の順位を決めます．これはひとつの方法ですが，それぞれの点数を均等に評価した**一面的なまとめ方にすぎない**ともいえます．

それに対して，学生の特徴を**分類するためのもっと別の指標はないでしょうか**．

例えば，

$$z_2 = x_1 + x_2 - x_3 - x_4$$

を考えてみるのはどうでしょうか？ この指標z_2は，国語（x_1）と英語（x_2）の得点はプラスに加算され，数学（x_3）と理科（x_4）の得点はマイナスされます．z_2の得点がプラスであれば国語と英語の得点が数学や理科に比べて高いことになりますし，マイナスであれば低いことになります．つまり，z_2は**文系と理系の違いを表す指標と考える**ことができます．

3人の学生 A, B, C がいて，それぞれの得点が次のとおりだったとします．z_1とz_2をそれぞれ計算した結果も付記します．

A：(国語, 英語, 数学, 理科)=(70, 80, 70, 75), z_1=295, z_2=5

B：(国語, 英語, 数学, 理科)=(90, 95, 50, 60), z_1=295, z_2=75

C：(国語, 英語, 数学, 理科)=(60, 40, 100, 95), z_1=295, z_2=−95

これらの結果から何がわかるでしょうか？

総合点だけから判断すると3人の学生は同等です．しかし，A は

z_2 の値がゼロに近く，どの科目もまんべんなくできることを意味しています．Bは，z_2 がプラスの大きな値であり，文系科目を得意とすることがわかります．Cは理系科目が得意です．

このようなことは，z_2 という指標をわざわざ作らなくてもデータをよく見ればわかることだと思われるかもしれません．しかし，**たくさんの学生がいるときはどうでしょうか？** このような指標を作って4次元（四つの変量 x_1, x_2, x_3, x_4）のデータを2次元の指標（z_1, z_2）に直して解釈することは便利です．

上の例で**学生を顧客におきかえ，科目をマーケティングの調査項目におきかえてみましょう．**

この場合は，もっとたくさんの変量が存在するでしょう．また，z_1 や z_2 の指標がどのような形になるのか（各変量の係数の符号や値がどうなるのか）は自明ではありません．このようなときでも，**主成分分析**という手法を用いれば，データに基づいて指標を決めることができます．

データに基づき，顧客を異なった特徴のグループに分類できれば，**効率的で的確なアクションに結びつけることができます．**

> ✪ ポイント ✪
> (1) 多変量解析法により多くの変量の関連を調べる．
> (2) 変量間の相関構造を利用して必要な情報を取り出す．
> (3) 変量やサンプルの分類を行う．

2.11 相手を怒らせて様子をみる

これまで述べてきた統計的方法は，現状のあるがままのバラツキの大きさを観察し，それに基づいて違いや関連を見いだすものでした．

それに対して，**バラツキが意図的に大きくなるように操作して，どのようになるのかを**比較する方法があります．それは，**タグチメソッド（品質工学**とも呼ばれる）の中の**パラメータ設計**と呼ばれる方法です．

人を評価するとき，付き合いが浅い段階ではなかなかよくわかりません．深く付き合うとその人の本質が見えてきますが，時間がかかります．短時間で的確な評価をするにはどうしたらよいでしょうか．それは，その人を**わざと怒らせて反応を見る，わざと逆境において様子をうかがう**というのが効率的です．困難な状況でも冷静に振る舞うことができるなら，高く評価してよいでしょう．

パラメータ設計はこれと同様の考え方に基づいています．

製品を製造する際にはいろいろな要因（因子とも呼びました）があります．これをここでは**パラメータ**と呼ぶことにします．パラメータの値（水準）をどのように決めればよい製品ができるのかを考えます．ここまでは，2.7節から2.9節で述べた内容と同じです．

パラメータ設計の独特のやり方は，意図的にバラツキを作り出して評価するという点です．

設計者の"常識"はお客様には通用しません．設計者が常識的には大丈夫だと思っていても，お客様はその"常識"を超えた使用環境や使用条件で製品を使うかもしれません．そのようなときでも製品はその機能を十分に発揮できなければなりません．**少々使用環境が悪くても製品が機能することをロバスト（頑健）であるといいます．**

パラメータ設計では，**特性が小さくなるように設定した使用環境の条件と，大きくなるように設定した使用環境の条件とを意図的に準備します．**これらの二つの条件で特性のデータを取れば特性値は大きくばらつくでしょう．いろいろなパラメータの水準を変化させて，それぞれの場合に二つの条件のデータからバラツキを求め，これを SN 比（signal-to-noise ratio）という量にまとめます．そして，**SN 比が一番大きくなるようにパラメータとその水準を決めます．**

このようにして製品がロバストになるような製造方法を設計することができます．

✿ポイント✿
(1) 設計者の常識は使用者には通用しない．
(2) 使用環境が変化しても性能はよくないといけない．
(3) 意図的に作ったバラツキを小さくする．

2.12 日常データと実験データ

多変量解析法で利用するデータと実験計画法で利用するデータの**違い**について説明しておきましょう．

多変量解析法を用いて解析する多変量データは，多くの場合，実験計画法のように計画的に得られたデータではありません．**工程操業時の日常データや調査データ等をイメージしてください**．他の要因の値を一定に固定することが難しい状況で採取されたデータと考えられます．したがって，変量間には相関があります．多変量解析法ではその相関関係をたくみに利用します．

実験計画法の場合は，**水準をふる因子以外の要因をできるだけ一定になるようにして実験することが原則です**．また，すべての水準の組合せで実験する，ないしは，直交表を用いた実験を行うことにより，因子間は無相関になります．

ある工程では，図 2.16 (a) に示すような因子間の関連を想定できるとしましょう．多変量解析法で扱うデータは主に図 2.16 (a) の状態で採取した操業データないしは日常データです．いろいろな変量（因子）が関連しています．

一方，実験計画法において因子 A と B を取り上げるなら，その他の因子をできるだけ一定になるようにして実験しますから，図 2.16 (b) に示すように A と B の変化だけが特性に影響を与えることになります．

多変量解析法は日常データに基づき現状の関連をつかむのに適していますが，因子 A や B の**効果を調べるには，実験計画法**を用いる方が効率的です．

(a) 日常データ

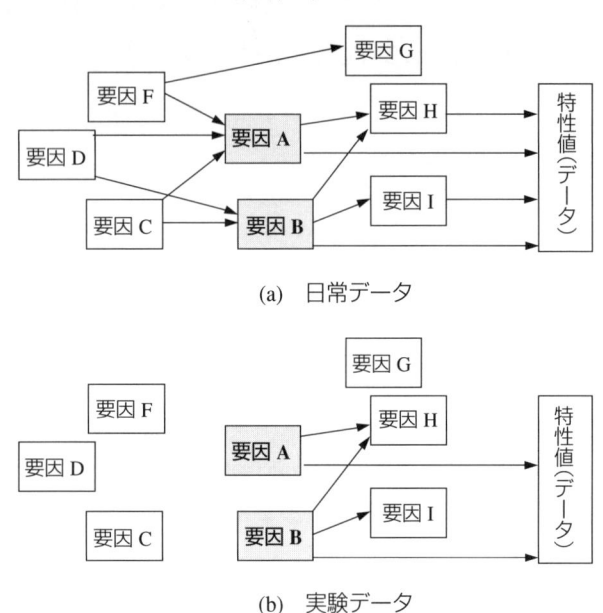

(b) 実験データ

図 2.16　日常データと実験データ

☼ポイント☼

(1) 多変量解析法では日常データを解析する．
(2) 実験計画法では実験データを解析する．
(3) 実験データは他の要因と特性との関連を断ち切るものになっている．

2.13 管理する

改善活動が成功すれば,新しい仕事のやり方が決まります.それを標準化する必要があります.さらに,改善された結果が**よい状態で維持されるように管理**しなければなりません.

管理するために用いられる代表的な統計的方法が**管理図**です.管理図には,**解析用管理図**と**管理用管理図**があります.前者は要因分析の道具のひとつです.管理するために用いる管理図は後者です.

管理図にはいろいろな種類があり,データの種類や,用いる統計量の種類等により使い分けます.

管理図を用いるときには**群の設定が重要**です.ひとつの群は母集団のひとつの時点に対応します.時間の推移とともに母集団が安定しているか(変化していないか)どうかを観察します.

管理図の中でもよく用いられるものとして $\bar{x}$-R 管理図があります.これは,それぞれの群からデータ $x_1, x_2, \cdots, x_n$ をランダムに取り,平均 $\bar{x}$ と**範囲 R** を計算します.

$$\bar{x} = \frac{x_1 + x_2 + \cdots + x_n}{n}$$

R=(データの最大値)−(データの最小値)

これらをプロットして,**管理限界線**から外れていないか,プロットした点に何らかの傾向がないかどうかを検討します.

管理外れが生じれば,すぐにアクションをとることができる体制を整えておく必要があります.

図2.17の (A)〜(G) の $\bar{x}$-R 管理図は,図2.18の母集団の変化 (a)〜(g) のそれぞれどれを反映しているでしょうか?

(解答をp.62に記載します.)

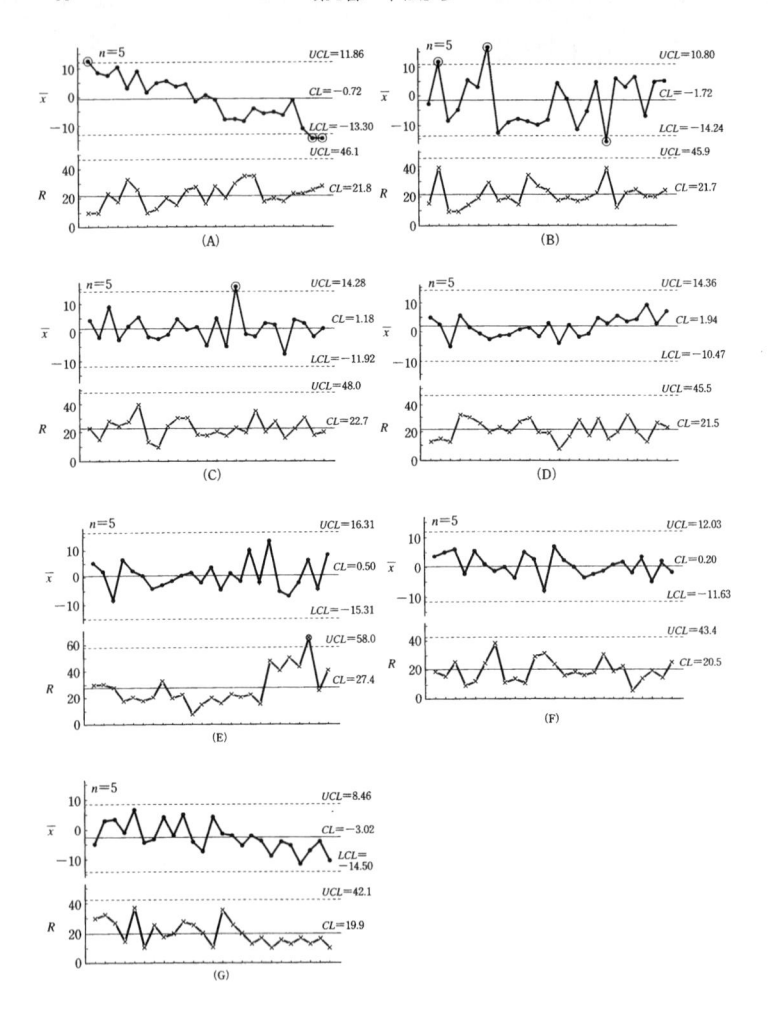

図2.17 $\bar{x}$–R 管理図のいろいろなパターン
（参考図書 [2] より引用）

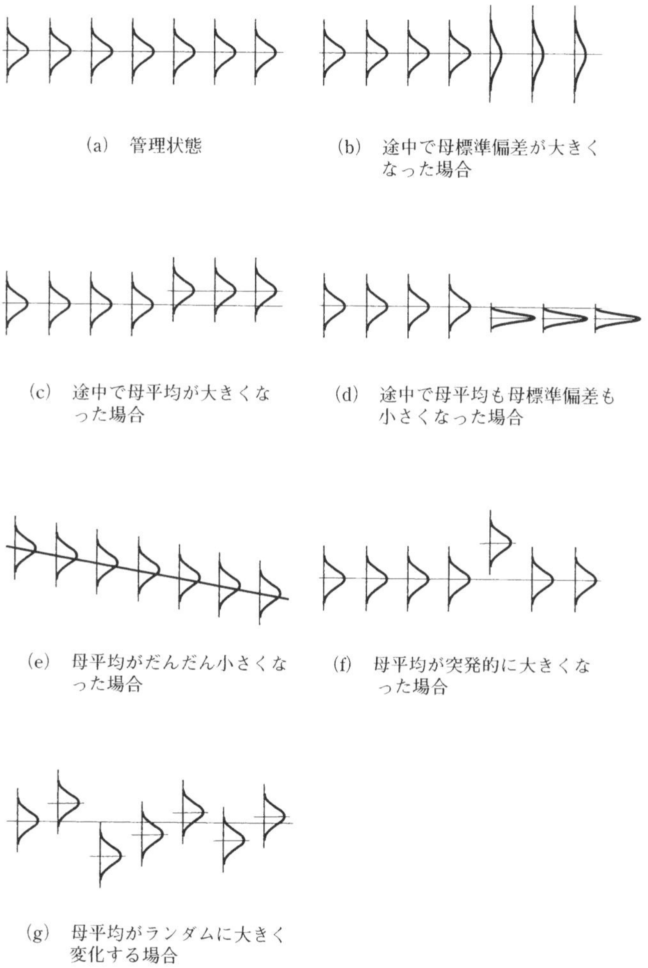

第2章　統計的方法により何をするのか　　　　61

(a) 管理状態

(b) 途中で母標準偏差が大きくなった場合

(c) 途中で母平均が大きくなった場合

(d) 途中で母平均も母標準偏差も小さくなった場合

(e) 母平均がだんだん小さくなった場合

(f) 母平均が突発的に大きくなった場合

(g) 母平均がランダムに大きく変化する場合

図 2.18　母集団の変化のパターン
（参考図書［2］より引用）

> **○ポイント○**
> (1) よい状態なら維持・管理が必要である.
> (2) 管理の道具のひとつが管理図である.
> (3) 管理図を用いるときは群の選び方が重要である.

2.13節の解答：

(A)-(e), (B)-(g), (C)-(f), (D)-(c), (E)-(b), (F)-(a), (G)-(d)

第 3 章
統計的方法の適用パターン

3.1 改善活動でのパターン

ここでは，特性値を強度として，現状よりも強度を高くしたいというテーマで改善活動を行うものとしましょう．

最初に，現状がどれくらいよくないのか，どれくらいの改善を目指したいのかを明確にするために，**現状把握が必要です**．

手元にあるデータに基づいて分析します．強度のヒストグラムを描き，標本平均，標本分散，標本標準偏差を計算します．この際，データがどのようにして採取されたのかも確認しておきます．

時系列的なデータなら，管理図ないしは"時間を横軸にしたグラフ"を描いて，時間とともにどのように特性値が変化しているのかを考察します．

次に，特性要因図を作成して**手元にあるデータを層別します**．

例えば，全体のデータのヒストグラムが図 3.1 (a) のように二山になっていれば，層別要因が存在する可能性を示唆しています．作業方法，原料の種類，製造機械等により層別します．その結果，図 3.1 (b) のようにうまく分布が分かれれば，**良い場合と悪い場合の違いを見いだせたわけですから**，この段階で改善活動が大きく進むヒントを得たことになります．

全体のデータのヒストグラムが図 3.2 (a) のように二山になっていない場合でも，いろいろな要因により層別すれば，運がよければ

(a) 全体のデータによるヒストグラム

(b) 層別したヒストグラム

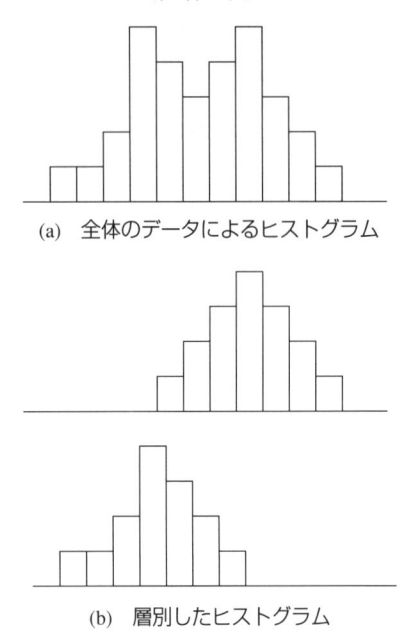

図3.1 全体と層別したヒストグラム

図3.2 (b) のようになり，バラツキを小さくする要因を見いだせるかもしれません．特性値を大きくする・しないという問題とは別に，バラツキを小さくすることはつねに重要なことです．

ヒストグラムを描くほどデータ数がない場合には，層別して，標本平均や標本分散を計算して比較すればよいでしょう．そのときには，2.3節や2.4節で述べた方法が役に立ちます．

層別は非常に強力なツールです．

しかし，実際は，特性値に違いの出る層別要因を見つけることは簡単ではありません．特性要因図に書き連ねた要因はたくさんあり，

第 3 章　統計的方法の適用パターン　　　　　　　65

(a) 全体のデータによるヒストグラム

(b) 層別したヒストグラム

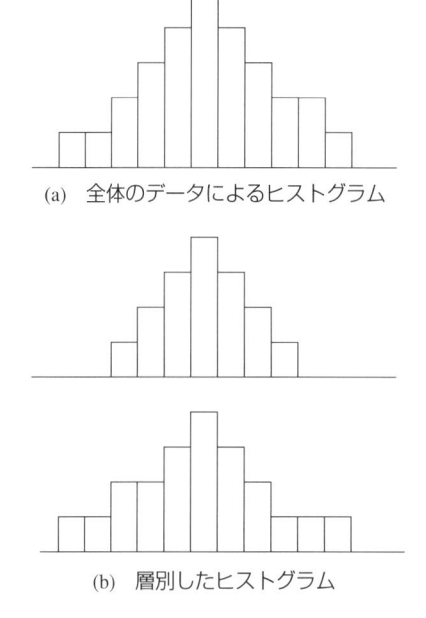

図 3.2　全体と層別したヒストグラム

その中に適切なものが混じっているとしても，手元にあるデータで検証できるとは限りません．どのような条件のもとでデータを採取したのかの情報を記載していないことが多いからです．

このとき，**こういう情報を取っておけばよかったとか，こういうデータの取り方をしておくべきだったと反省しましょう．** そのような反省内容を生かすことにより，今後の改善活動がスムーズになるでしょう．

手元のデータで層別したけれどもうまくいかない場合，又は，十分なデータが手元にない場合には，特性要因図をにらんで要因を検

討します．そして，**どの要因を現行条件からどれくらい変化させたら強度に影響が出るのかを実験して確かめます．**

問題解決の初期段階では，多くの要因が候補になります．そこで，**直交表を用いた実験で因子を絞り込みます．**

多くの要因を考えるときは，2水準系直交表が便利です．第1水準を現行条件，第2水準をよくなると思われる方向に設定して，実験計画を組みます．第2水準を設定する方向が不明な場合は，現行条件を中間にはさんで第1水準と第2水準を設定することもあります．

因子を絞ることができれば，さらに詳細を検討します．**1元配置法や2元配置法を用いて多くの水準を設定し，よりよい水準を探索します．**

因子の水準が連続的な量ならば，回帰式（直線や曲線）を当てはめて，強度がどのようなパターンで変化するのかを観察します．因子のどの程度の範囲で強度が望ましいレベルになるのかを検討することができます．

強度を上げる因子とその最適水準が見つかれば,どれくらいの強度を得ることができるのかを実験データより推定します.

さらに,選んだ因子とその最適水準において**再びデータを採取して,望む強度が得られるのかどうかを確認します.**

実験でよい結果が出ても,実機でよい結果が出るとは限りませんから,このような確認実験,すなわち,再現実験が必要です.また,バラツキの大きさも把握しておきます.

最終段階として,その他の特性が大丈夫なのかを確認します.要因の水準を現行から変化させることにより強度は望ましいレベルになっても,**その他の特性へ悪影響を及ぼしているかもしれません.**そうなっていないかどうかの確認が必要です.

以上のステップがうまくいけば,あとはよい状態を維持・管理していきます.

> ✿ポイント✿
> (1) 現状把握して,要因を絞り込む.
> (2) 最適条件を決めて,確認・再現実験を行う.
> (3) 他の特性の確認を行い,維持・管理を実施する.

3.2 開発・設計部門でのパターン

新製品の開発・設計段階を考えましょう.

過去の製品のマイナーチェンジであり,過去のデータの蓄積を利用するなら,3.1節の内容にそっていけばよいでしょう.

一方,**全く新しい製品ならば,現行条件は存在しません.**過去のデータも参考程度にしかなりません.そういった中で製品がその機

能を十分に発揮できるように設計しなければなりません.

このようなときは，3.1節の現状把握のステップはなく，**最初から実験を行い，最適な設定をしなければなりません**．このときに設定するものをパラメータと呼びます．因子や要因と呼んでいたものと同じです．

設計・開発段階では，2.11節で述べたパラメータ設計が有効です．

現行条件がないのですから，参照すべき現状の特性値のレベル（中心的な位置）やバラツキの情報はありません．一方，特性の目標値はあるはずです．それを**バラツキが少ない状態で達成しなければなりません**．

お客様の使用環境や使用条件を意図的に大きくふって，**わざとバラツキを発生させて**，そのときでも，**目標レベルを達成し，しかもバラツキが小さくなるパラメータとその水準を見いだします**．

パラメータ設計では，統計的な有意差を重視しません．それは，現行条件がないときに用いられることが多いからです．現行条件があるときは，条件変更すると仕事のやり方が変わりますから，設備や作業方法の変更に伴いコストがかかります．したがって，条件変更を行うときには意味のある差なのかどうかを統計的に確認することが望まれます．それに対して，現行条件がないならば，パラメータ設計で決めた条件が仕事の初期条件になりますから，現状との意味のある差を考える必要性は生じません（この点については文献[13]の第11章でより詳しく解説されています）．

パラメータ設計を用いた後でも，確認実験は重要です．望むレベルが小さなバラツキで達成されているのかどうかを確認する必要があります．

> **❂ポイント❂**
> (1) 新製品の設計には現行条件がない.
> (2) 最初からパラメータ設計を適用する.
> (3) 確認実験と維持・管理が大切である.

3.3 事務系部門でのパターン

事務系部門はデータの宝庫です.社内の人事データ,従業員満足度データ,顧客からのクレームデータ,顧客満足度等にかかわるアンケートデータ等,いろいろあるでしょう.

技術系では,実験を行うことにより要因分析することができます.事務系部門のデータの特徴は,2.10節で述べたような**多変量データになっている点**です.

技術系部門では実験計画法の適用が有効な場合が多いのに対して,**事務系部門では多変量解析法が有効**な場合が多いといえます.

多変量解析法には,変数間の相関関係をたくみに利用して,変数やサンプルを分類することを目的とする方法がいくつかあります.

人事データを活用することにより,適切な人材マップを作成できる可能性があります(サンプルの分類に対応します).

顧客へのアンケートデータを解析することにより,顧客の適切なグループ分け(マーケット・セグメントの作成)が可能になるかもしれません.そうなれば,グループごとに異なる**効果的な営業活動を展開するヒントを得る**ことができるでしょう.

データマイニング(data mining)という言葉が広く知られるようになってきました.昔は,"ゴミをいくらたくさん集めてもゴミ",

"精度の悪いデータをいくらたくさん集めてもよい情報は得られない"と言っていました．しかし，いまは，"ゴミも分ければ資源"，"精度の悪いデータも上手に分類すれば質のよい情報を得ることができる"という観点から**データマイニング**により**情報を探索する**ことが多くなってきました．

ちなみに，"mine"は"（鉱脈から）採掘する"という意味です．

データマイニングでも，簡単な多変量解析法を使用しています．

✿ポイント✿
(1) 事務系部門はデータの宝庫である．
(2) 事務系部門には多変量解析法が有効である．
(3) 上手に分類して質のよい情報を得たい．

3.4 データ形式別の基本解析パターン

通常,手元にあるデータファイルは表3.1の形式のものが多いと思います.

表3.1 データファイル

No.	x_1	x_2	x_3	$\cdots$	x_p
1	x_{11}	x_{12}	x_{13}	$\cdots$	x_{1p}
2	x_{21}	x_{22}	x_{23}	$\cdots$	x_{2p}
$\vdots$	$\vdots$	$\vdots$	$\vdots$	$\vdots$	$\vdots$
n	x_{n1}	x_{n2}	x_{n3}	$\cdots$	x_{np}

とりあえず,これらのデータに基づいて,**どのような基本解析の作業を行えばよいでしょうか?**

変数の種類やいくつの変数を絡ませるかによって基本解析の方法は異なります.

変数の種類としては,量的変数(計量値データ)か質的変数(計数値データ)かの区別があります.変数を絡ませるかというのは,1次元で考えるのか,2次元で考えるのか,それ以上かという区別です.

(1) 1次元の解析
① 量的変数の場合には,平均や分散を計算します.データ数が多ければヒストグラムを作成します.
② 質的変数の場合には,比率を計算します.また,それらを帯グラフや円グラフ等で表すことができます.

(2) 2次元の解析

① 二つの量的変数の場合には，散布図を描き，相関係数や単回帰式の計算を行います．

② 二つの質的変数の場合には，分割表（クロス集計表）を作成し，関連性を考察します．

③ 一方が質的変数で，他方が量的変数の場合には，質的変数によって層別して，層ごとに平均や分散を計算したり，ヒストグラムを描いたりします．

以上のような，1次元の解析，2次元の解析をていねいに行い，さらに，**異常値の有無の検討もしっかりと行いましょう．**

表3.1に基づいて，多変量解析法を用いることも考えられます．その点については，2.10節を参照してください．

また，(2) の③等で違いをうまく見いだせない場合には，新たな因子を考えて，実験計画法を適用する方向も考えてみましょう．

> ❋ポイント❋
> (1) 変数の種類と絡み合わせを考えて基本解析する．
> (2) 1次元の解析と2次元の解析をしっかりと行う．
> (3) 目的により多変量解析法や実験計画法も適用する．

第2部

理解が深まる18話

難易度★

第1話 過度の調整はバラツキを増やす！

ハンティング現象

　木原さんが悩み深い顔をしています．木原さんは生産技術課に所属する機械工学科卒のエンジニアで，37歳，独身です．後輩の田中さんが木原さんを見つけ，いつもの表情とは違う木原さんに心配そうに声をかけます．ちなみに，田中さんは，品質保証課に所属する経営システム工学科卒のエンジニアで，30歳，独身です．

田中"どうしたんですか，先輩？　神妙な顔をしていますね．"
木原"田中か．お前ヒマだろ．ちょっと俺の話を聞いてくれ．"
田中"いいですよ．"
木原"このデータを見てくれ．製造工程のデータだ．細かいことはともかく，結構大きくばらついているんだ．"
田中"……．"
木原"オペレーターがおかしいと言ってきた．それで俺も調べてみたんだが，どうもおかしい．"
田中"データって，ある程度はばらつくものでしょ．"
木原"だけど，この工程では，ねらい値にできるだけ合わせる必要があって，ねらい値からずれると**調整**することになっている．それなのにこのバラツキだ．"
田中"調整って，どうすることになっているんですか？"
木原"いま言っただろ．ねらい値からずれたら，その分をもとに戻すように調整するんだよ．"
田中"ちょっとのズレでも，いちいち調整するのですか？"

木原"そうだろうな．何を言いたいんだ？"

田中"誤差程度のズレなら調整する必要はないのじゃないかと思って……．"

木原"うちの工場長は，'おれの辞書には"誤差"等という言い訳がましい言葉はない'ってよく言っているよ．寸分の誤差も許さない人だよ．だから，厳密に調整して，いつもねらいどおりの品質になるように考えているのさ．"

田中"自動車のハンドルには'遊び'がありますよね．ハンドルのちょっとの回転くらいなら車はそれに反応しないように．"

木原"あの工場長に'遊び'なんて通用しないよ．でも，もしかしたら俺たちに隠れて陰では……．むふ．"

田中"ハンドルの'遊び'は，ある程度の誤差変動を認めた上で，それ以上のハンドルの回転があったら反応するようになっています．そうでないと安定して走行できないですからね．"

木原"それはわかるよ．でも，それと，このデータのバラツキとどう関係するんだ？"

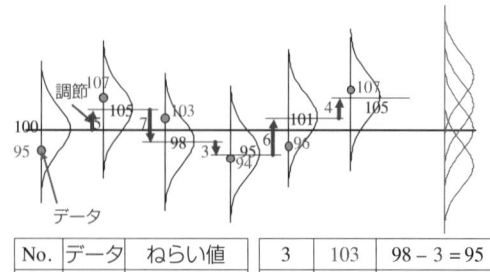

No.	データ	ねらい値		3	103	98 − 3 = 95
最初		100		4	94	95 + 6 = 101
1	95	100 + 5 = 105		5	96	101 + 4 = 105
2	107	105 − 7 = 98		6	107	…

図1　ハンティング現象

田中 "調整を過敏にやりすぎるとよくないという例です．過剰な調整が逆にバラツキを大きくするということを何かで読んだ記憶があります．確か，**ハンティング現象**とかなんとか……．ちょっと待ってください，捜してみますから．"

木原 "はんてぃんぐ？　何だい，それ？"

田中 "あ，ありました．ここにハンティング現象が説明されています[3], [14]．"

木原 "わかりやすく説明してくれ．"

田中 "図1を見てください．ねらい値を100として，実際にそのとおりになっているとします．ただし，オペレーターには本当にそのようになっているかどうかはわかりません．データを取ると95だったとします．先輩ならどうアクションをとりますか？"

木原 "俺なら何もしないかな．"

田中 "面倒くさいから？"

木原 "そう……．じゃなくて，その程度なら誤差とみなしても影響はないからな．"

田中 "それじゃ，工場長ならどうされるでしょう？"

木原 "ん？　あの工場長なら，ねらい値よりも5下回っているから，ねらい値を5だけ上げるように調整するだろうな．"

田中 "そうすると，真値は100だから調整する必要のないものを100+5=105と調整することになります．"

木原 "105に変えてしまったのに，100にうまく調整したと思い込むことになるわけか．"

田中 "ええ．次のデータが107だったら……．"

木原 "ねらい値の100よりも+7も大きいから，びっくりして−7調整することになるな．"

田中 "ねらい値の真値は105−7=98になります．そして，次のデー

タが103なら，−3だけ調整して，ねらい値の真値は98−3＝95となり……."

木原 "次のデータが94なら，+6調整して，真のねらい値は95+6＝101になるってことか."

田中 "そうです．その結果，データの**分散**は，これは**誤差変動**の大きさですけど，過剰な調整作業により2倍に膨れ上がるそうです."

木原 "誤差と考えて受け入れていればよいものを，誤差という意識がなくて調整しまくると，全体としてバラツキが大きくなるのか."

田中 "単なる誤差変動に加えて，過剰な調整によりねらい値まで変動させているわけです."

木原 "単なる誤差は，確か，'**群内**'変動って言うんだったよな．それで，過剰な調整によってさらに'**群間**'変動を生み出しているということか？"

田中 "**管理図**の言葉ですね．先輩，よくご存じですね．図1だと，それぞれの分布でのバラツキが群内変動，複数の分布によって生じるのが群間変動です."

木原 "その程度の知識はあるさ．ところで，どうして'はんてぃんぐ現象'って言うんだい？"

田中 "誤差をしつこく追い求めるからじゃないですか？"

木原 "ああ，'はんてぃんぐ'はhuntingか！　ガールハントのhuntか．田中の得意なやつだな."

田中 "僕は，そんなこと得意じゃないです！"

木原 "ということは，やっぱり工場長のように誤差も認めぬ厳密さはよくないってわけか．俺のようにおっとりと構えていればいいんだな．オペレーターには調整を一切やめろと言っておこ～."

田中"待ってください．ねらい値の真値が100のときは調整は有害です．必要のない調整なので'**アワテモノの誤り**'を犯すことになります．でも，変化したときは調整しなければなりません．それを怠ると，今度は'**ボンヤリモノの誤り**'を犯すことになります．"

木原"田中，お前ね，工場長をアワテモノとか，俺をボンヤリモノとか，言葉が過ぎるんじゃないか．"

田中"'アワテモノの誤り'とか'ボンヤリモノの誤り'は，統計的方法で出てくる言葉です．先輩も研修で勉強されたでしょ？"

木原"そういえば，そうだったかもしれない．あまりにも工場長と俺にピッタリの言葉だったので一瞬焦った……．それで，どうすればいいんだ？"

田中"ひとつの方法は，先輩も知っている管理図を使うことが考えられます．**管理限界線**から外れたり，管理図の判定ルールに基づいて異常と判定されたりするとき，調整が必要だと判断します．ただ，調整だけとは限りません．もっと重大な異常が発生しているかもしれませんから，異常に対する徹底的な原因究明をしなければなりません．"

木原"必要な調整量をどうやって決めるんだ？"

田中"原因究明すれば，真のねらい値がどのようになっているのかがわかるはずです．そうすれば調整量もおのずから決まると思います．"

木原"要するに，管理図で管理して，異常が出るまでは寝て待っていればいいわけか．そんなことで工場長は納得するかな．"

田中"寝て待っていればいいわけではありませんよ．異常なデータを観測していないからといって，異常が起こっていないとは限りませんし．"

木原 "またまた田中はわからないことを言うよな．異常が観測されていないのに過剰な調整をするのはよくないのだろう．"

田中 "正常な状態が真ならそうです．でも，火事が起こりかけているときには早く発見できた方がよいでしょう．"

木原 "そりゃ，そうだな．"

田中 "つまり，異常を早く発見する工夫も必要です．管理図を使うとしても，**群**をどのように設定するのかとか，いくつくらいのサンプルを取るのがよいのかとか……．"

木原 "なるほど……．"

田中 "群を適切に設定して，群内変動がどれくらいあるのか，どれくらいなら誤差とみなしうるのかをあらかじめ把握しておく必要があります．"

木原 "どうしたらいいんだ？"

田中 "バラツキについての統計的な考え方や管理図について勉強する必要がありますね．それに，管理図を使わずに調整を適宜考えるとしても，ハンティング現象を減らして，なおかつ必要なときどの程度の調整をすればよいのかを決めるには，やはり誤差変動の大きさを把握する必要があります．"

✿ポイント✿

(1) 過度に調節するとハンティング現象を招く．
(2) いつ調節すればよいのか管理図を利用する．
(3) 誤差変動の大きさを把握することが大切である．

難易度★

第2話　全数検査すべきかどうかが問題だ！

工程能力

　生産準備部門では，新しいラインを計画するとき，**全数検査**をすべきかどうかを悩みます．**工程能力調査**活動では'工程で品質を作り込め！'を合言葉に工程ひとつひとつの**工程能力**を確保します．そうすれば不良品が出ないから検査は無用です．しかし，100％良品を保証すると言い切れるかどうかが悩ましいところです．生産技術課の木原さんは，いま取り組んでいる新設ラインで同じ悩みをもっています．

田中 "先輩，お元気ですか？"
木原 "おっ，田中，いいタイミングだ．ちょうどお前に聞きたいことがあったんだ."
田中 "僕もお聞きしたいことがあってやって来ました．実は，今朝，工場長から突然のお電話があり，'工程能力が**規格**を十分満足していれば不良は出ないか？　統計的にどうか？'とご質問がありました."
木原 "やはりそうか！　いま，次期ラインの工程設計に取りかかっているのだが，全数検査をすべきか検討中なんだ．全数検査は一見'不良流出ゼロ'でよさそうだが，投資はバカにならないし，その上，検査に頼ってしまって管理がどうしてもおろそかになってしまう．品質管理ではむしろ逆効果の場合もある."
田中 "そうですね."
木原 "俺たちは，あくまでも'工程能力を確保して，品質を工程で

作りこむ'ことを基本にしている．だから，この際，'全数検査をやるべきか？ 止めるべきか？'を昨夜議論していたんだ．それで田中，どう返事した？"

田中 "'統計的には'ということでしたので，**正規分布表**について説明いたしました．でも，電話では統計的な理屈を実践活用するところまではお話が出ませんでしたので心配になり，先輩に具体的にお伺いしようとやって来ました."

木原 "**正規分布**とは耳にタコができるほど聞いたが，どうも分布関数が出てくると，途端に俺の頭はセーフモードに入ってしまうんだ．俺にも説明してくれよ."

田中 "工程で計測される特性の多くは**ヒストグラム**を書いてみると西洋の釣鐘のような形になります．図1を見てください．これが正規分布です．釣鐘のように左右対称で，ちょうど鐘の中心のところが**平均**です．この裾の広がりの程度がデータのバラツキの大きさを表します."

木原 "正規分布は富士山の形にもたとえられるよな."

田中 "西洋の釣鐘の裾には端がありますが，正規分布はプラスマイナス無限大まで裾を引きますから**母標準偏差** σ でバラツキの程度

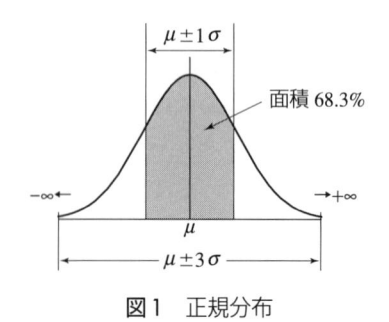

図1　正規分布

を測ります．この母標準偏差 σ の**推定値**は，n 個のデータ $x_1, x_2, \cdots, x_n$ とそれらの**平均** $\bar{x}$ に対して次の式で求められます．

$$\hat{\sigma} = s = \sqrt{\frac{1}{n-1}\sum_{i=1}^{n}(x_i - \bar{x})^2}$$

σ がトンガリ帽子をかぶっていますので，シグマ・ハットと読みます．これは σ の推定値であることを示し，**標本標準偏差**と呼びます．"

木原 "s を 2 乗したものは**標本分散** V だったな．"

田中 "はい，そうです．正規分布では $\mu \pm 1\sigma$ の内側の確率は 68.3% になります．"

木原 "68.3% っていうのはどうやって求めるんだったっけ？"

田中 "それはあとでお話しします．"

木原 "図 1 で σ を s でおきかえて考えればいいんだな．"

田中 "現場の工程能力調査では σ, $\hat{\sigma}$ $(=s)$ の区別を厳密にせずにやっています．しかし，σ は真の値です．一方，$\hat{\sigma}$ はデータから計算された推定値なので，その値を額面どおり信用することはできません．ですから，本当はしっかりと区別する必要があります．データ数 n が多いならよいですが……．ここでは統計学の基本どおり，母標準偏差 σ を使って話を進めます．"

木原 "ああ，わかった．"

田中 "さて，この σ がデータのバラツキの尺度の 1 単位となり，6σ を工程能力と呼びます．"

木原 "図 1 に基づくと，6σ は母平均 μ から $\pm 3\sigma$ までの範囲を意味しているのだな．"

田中 "はい．例えばパンを焼く場合，1 個 100 g を目標として丸めたパン生地の重量の工程能力は，

　　　プロのパン屋さんの場合：$6\sigma = 0.70$ (g)

ホームベーキングの場合：$6\sigma=2.00$ (g)

等となります．とりあえず，正規分布と工程能力についての説明は以上です．"

木原 "田中，ここまではよくわかった．'工程能力，工程能力'といつも言っている割には，意外とわかっているようでわかっていなかったこともよくわかった．生産技術がいつも四苦八苦している**工程能力指数** C_p は，図2の規格の**公差** T とこの工程能力の比だから，例えば，パン生地の重量の規格を100 ± 0.5 (g)，公差を$T=1.0$ (g) とすると，

　　プロのパン屋さんの場合：

$$C_p = \frac{T}{6\sigma} = \frac{1.0}{0.70} = 1.43 > 1.33 \quad\quad ○$$

　　ホームベーキングの場合：

$$C_p = \frac{T}{6\sigma} = \frac{1.0}{2.00} = 0.50 < 1.33 \quad\quad ×$$

となる．俺たちは，$C_p>1.33$ のとき'工程能力は規格を満足し良好'と評価して，生産技術として'品質を工程で作りこんだ'としている．ホームベーキングの場合は工程能力が不足しているから改善が必要になる，ということだな．"

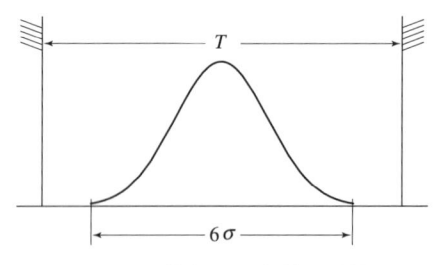

図2 工程能力 6σ と規格の公差 T

を測ります．この母標準偏差 σ の**推定値**は，n 個のデータ $x_1, x_2, \cdots, x_n$ とそれらの**平均** $\bar{x}$ に対して次の式で求められます．

$$\hat{\sigma} = s = \sqrt{\frac{1}{n-1}\sum_{i=1}^{n}(x_i - \bar{x})^2}$$

σ がトンガリ帽子をかぶっていますので，シグマ・ハットと読みます．これは σ の推定値であることを示し，**標本標準偏差**と呼びます．"

木原 "s を2乗したものは**標本分散** V だったな．"

田中 "はい，そうです．正規分布では $\mu \pm 1\sigma$ の内側の確率は 68.3% になります．"

木原 "68.3% っていうのはどうやって求めるんだったっけ？"

田中 "それはあとでお話しします．"

木原 "図1で σ を s でおきかえて考えればいいんだな．"

田中 "現場の工程能力調査では σ，$\hat{\sigma}$ ($=s$) の区別を厳密にせずにやっています．しかし，σ は真の値です，一方，$\hat{\sigma}$ はデータから計算された推定値なので，その値を額面どおり信用することはできません．ですから，本当はしっかりと区別する必要があります．データ数 n が多いならよいですが……．ここでは統計学の基本どおり，母標準偏差 σ を使って話を進めます．"

木原 "ああ，わかった．"

田中 "さて，この σ がデータのバラツキの尺度の1単位となり，6σ を工程能力と呼びます．"

木原 "図1に基づくと，6σ は母平均 μ から $\pm 3\sigma$ までの範囲を意味しているのだな．"

田中 "はい．例えばパンを焼く場合，1個 100 g を目標として丸めたパン生地の重量の工程能力は，

　　　プロのパン屋さんの場合：$6\sigma = 0.70$ (g)

ホームベーキングの場合：$6\sigma = 2.00$ (g)

等となります．とりあえず，正規分布と工程能力についての説明は以上です．"

木原 "田中，ここまではよくわかった．'工程能力，工程能力' といつも言っている割には，意外とわかっているようでわかっていなかったこともよくわかった．生産技術がいつも四苦八苦している**工程能力指数** C_p は，図2の規格の**公差** T とこの工程能力の比だから，例えば，パン生地の重量の規格を 100 ± 0.5 (g)，公差を $T=1.0$ (g) とすると，

プロのパン屋さんの場合：

$$C_p = \frac{T}{6\sigma} = \frac{1.0}{0.70} = 1.43 > 1.33 \quad \bigcirc$$

ホームベーキングの場合：

$$C_p = \frac{T}{6\sigma} = \frac{1.0}{2.00} = 0.50 < 1.33 \quad \times$$

となる．俺たちは，$C_p > 1.33$ のとき '工程能力は規格を満足し良好' と評価して，生産技術として '品質を工程で作りこんだ' としている．ホームベーキングの場合は工程能力が不足しているから改善が必要になる，ということだな．"

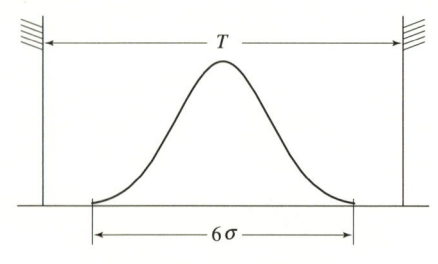

図2 工程能力 6σ と規格の公差 T

田中 "そのとおりです．'さすがプロのパン屋，素人ではとてもかなわない'ということですね．"

木原 "こうなると，ホームベーキングの工程能力では，全数検査しないと商品にはならないな．それに対して，プロのパン屋では全数検査すべきかどうか，それが問題だ．"

田中 "先を急がないでください．それでは今朝の工場長の電話と一緒です．僕がやって来た意味がありません．次に，正規分布表について説明しますので聞いてください．"

木原 "わかった，わかった．"

田中 "パンの重量 x (g) や母平均 μ (g)，そして裾の広がりの1単位，プロの $\sigma=0.70$ (g) や素人の $\sigma=2.00$ (g) 等は，パンの種類や単位により値が変わります．そこで，

$$z = \frac{x-\mu}{\sigma}$$

と単位のない量，つまり，**無次元数**に変換します．そうすれば，すべてのパン共通の単位 z となります．このような無次元数に標準化した正規分布を**標準正規分布**といいます．この式から

$$x = \mu + z\sigma$$

と表すことができます．記号 z については，品質管理関係のテキストでは u（ユー）を用いることが多いようですが，u（ユー）と μ（ミュー）を混同しないように，ここでは z を用います．"

木原 "z では，分母と分子で単位が約分されて，単位に無関係な数になるんだな．"

田中 "標準正規分布の広がり幅と確率の対応関係を計算した表が正規分布表です．図3で裾の広がり z に対応する**上側確率** P が一覧表になっています．$\pm z$ の外側の確率は $2P$ となりますから，いくつかの z の値で見てみますと，表1のようになります．"

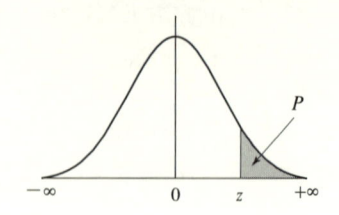

図3 正規分布の分位点 z と上側確率 P

表1 正規分布の分位点 z とその外側確率及び対応する C_p 値

$\pm z$	$\pm z$ の外側の確率 $2P$	対応する C_p 値
± 1.0	$0.317\,3 = 31.73\%$	0.333
± 2.0	$0.045\,5 = 4.55\%$	0.667
± 3.0	$0.002\,7 = 0.27\%$	1.000
± 4.0	$0.000\,063 = 63\ \mathrm{ppm}$	1.333
± 4.5	$0.000\,006\,8 = 6.8\ \mathrm{ppm}$	1.500
± 5.0	$0.000\,000\,57 = 0.57\ \mathrm{ppm}$	1.667
± 6.0	$0.000\,000\,002 = 0.002\ \mathrm{ppm}$	2.000

木原 "いま,規格が $\mu \pm 4\sigma$ なら $T=8\sigma$ だから,

$$C_p = \frac{T}{6\sigma} = \frac{8\sigma}{6\sigma} = 1.33$$

となるが,このときの不良率はどうなるんだ?"

田中 "このときは $z=\pm 4$ に対応しますから,表1より 63 ppm です."

木原 "田中,ちょっと待て.そうすると,俺たちが四苦八苦して工程能力指数 $C_p=1.33$ を達成しても,まだ 63 ppm も不良が発生するというのか? それではシングル ppm を目指すには全数検査以外にはないっていうことか?"

田中"そうではありません．もう少し聞いてください．"

木原"……．"

田中"確かに，$C_p=1.33$のとき不良が63 ppm発生することになりますが，規格を$\pm z=\pm 5$まで広げれば外側確率は0.57 ppmと大変小さくなりますから，63 ppmの不良品のほとんどは規格線の近くの不良品です．もう少し細かく正規分布表を見ますと，$\pm z=\pm 4.5$の外側確率は6.8 ppmとシングルppmになります．"

木原"つまり，$C_p=1.33$であれば，規格線近くの不良は63 ppm発生するが，規格から明らかに外れた不良品の発生は限りなくゼロに近いということか？"

田中"はい．"

木原"なるほど．そうはいうものの，やや不安が残るな．$\pm z=\pm 4.5$に対応する$T=9\sigma$，つまり，$C_p=1.50$くらいにならないと安心できないな．"

田中"先輩は，案外，繊細ですね．"

木原"ところで，**シックス・シグマ**っていうのをよく耳にするけど，シックス・シグマっていうんだから規格が$\mu\pm 6\sigma$のところなのか？ つまり，公差は$T=12\sigma$なのか？"

田中"先輩，勉強されていますね．シックス・シグマは，おっしゃるとおり，規格は$\mu\pm 6\sigma$のところで，$T=12\sigma$です．ですから，

$$C_p = \frac{T}{6\sigma} = \frac{12\sigma}{6\sigma} = 2.00$$

が目標になります．これは$\pm z=\pm 6$が対応し，正規分布表では$\pm z=\pm 6$の外側確率が0.002 ppm=2.0 ppb (parts per billion) で，10億分の2となります．"

木原"そりゃまた，小さな不良率だな．"

田中"実は，シックス・シグマでは，そこまで高いレベルを目指す

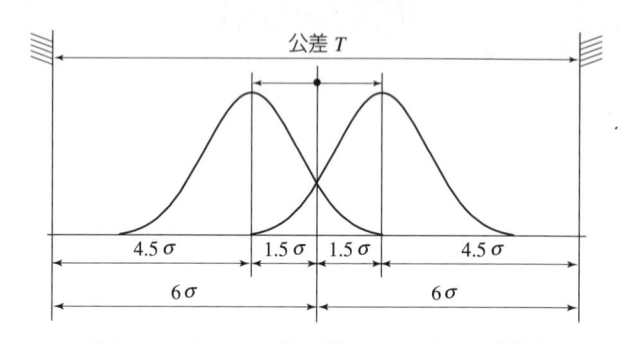

図4 シックス・シグマがねらいとする工程能力

のではありません．図4を見てください．シックス・シグマでは，平均の偏りを規格の中心から±1.5σまで許容します．だから，最もずれた場合，規格は母平均μから6σ−1.5σ=4.5σのところになり，反対側の規格は母平均μから6σ+1.5σ=7.5σのところになります．7.5σ以上外れる確率はゼロとみなせますから，片側4.5σ以上外れる確率は先ほどの'±z=±4.5の外側確率6.8 ppm'の半分の3.4 ppmになります．"

木原 "3.4 ppmってのは，えーっと……．"

田中 "100万分の3です．"

木原 "±3σ以上外れる確率は±z=±3だから，表1から1 000分の3か．これはT=6σだから，

$$C_p = \frac{T}{6\sigma} = \frac{6\sigma}{6\sigma} = 1.00$$

に対応するんだな．シックス・シグマってやつは，不良率の目標を1 000分の3から100万分の3に変えただけか．"

田中 "1 000分の3は従来からの目標値ではありませんよ．C_p=1.33が目標ですから，これに対応する不良率は63 ppmです．こ

れを，シングルの3.4 ppmにしようということです."

木原"どっちにしても，不良率の目標を小さくするだけだろ."

田中"いえ，いま議論したのはシックス・シグマのネーミングに関することだけで，本質ではありません．シックス・シグマの本質は，**ブラックベルト**だとか**グリーンベルト**等という資格をもった問題解決のプロを育成し，彼らに改善プロジェクトをまかせるという組織的な取り組み方にあるようですよ."

木原"シックス・シグマはともかくとして，正規分布の話はよくわかったよ．安心した．'工程能力を確保し，品質を工程で作りこむことを基本にして，工程能力をとりあえずは1.33以上確保すれば，全数検査をやる必要はない'ってことだな."

田中"先輩，ただし，工程能力が維持管理されていて，かつ，工程能力の要因以外のバラツキや**異常**が発生しないことが前提ですよ．それに，ひとつでも不良が出れば致命的という場合も話は別ですよ."

木原"わかっている．俺はだてに長く生産技術をやってきてはいないさ．現場ではポカミスや故障などの異常はつきものだ．それらの異常については，工程の**FMEA**（Failure Mode and Effects Analysis）をしっかりやってポカヨケ等の品質保証の網をかけているよ．そして，$C_p=1.50$のレベルまでさらに改善するようにも努力するよ."

田中"さすが品質第一を実践している工場ですね．安心しました."

木原"お前の話を聞いて，昨夜の議論の結論が出た．ありがとう，田中．工場長には俺から十分補足して報告しておくよ."

田中"よろしくお願いします."

> **✪ポイント✪**
> (1) 工程能力を確保し,品質を工程で作りこむ.
> (2) 作りこんだ工程能力は,管理図で維持・管理する.
> (3) 工程のFMEAで品質保証の網をかける.

難易度★

第3話 効果があっても効果がない？
プラセボ効果

　木原さんのところに思い詰めた表情の鈴木圭子さんがやってきます．片手に大きなファイルを抱えています．圭子さんは，人事部人材開発室に所属していて，25歳，独身です．自分の仕事の社内研修の成果について考えているようです．

木原 "おう．圭子じゃないか．泣きそうな顔して，どうした？"
鈴木 "木原さん，聞いてください．私が担当している仕事のことなのですけど．"
木原 "圭子の担当している仕事って何だったっけ？　確か，人材開発室だったよな．"
鈴木 "はい．教育研修のプログラムを組んで，実施した成果を管理しています．それに基づいて人材マップも作っています．"
木原 "それがどうした？"
鈴木 "英語の社内統一試験があるでしょう．"
木原 "課長職になるには650点以上，部長職になるには700点以上取らないといけないってやつだろ．"
鈴木 "木原さん，よくご存じですね．木原さんの点数は，えっと……．あっ，ありました．入社されたときに受験されていて460点ってこのファイルには記録されています．それからあとは受験された形跡がありませんね．"
木原 "そのうち時期がきたら受験するよ．"
鈴木 "でも，この点数でよく入社できましたね．"

木原"英語はだめなんだ．俺は，その分，他の能力でカバーしているからな．"

鈴木"……．"

木原"それで，その英語の試験がどうかしたのか？"

鈴木"今年の新入社員で，入社時の英語の試験が550点以下だった人には，新たに作成した特別のプログラムに従って，半年間，週に2回ほど終業後に英語の研修を受けてもらいました．"

木原"ごていねいなことだな．"

鈴木"効果があるなら，もっと対象者を広げて木原さんの年代の方々にもこのプログラムを受けてもらおうと考えています．"

木原"余計な魂胆だな．だけど，圭子の部署の仕事としては前向きだな．"

鈴木"そうでしょ．それなのに，田中さんったら！"

木原"田中がどうした？　田中と圭子は仲よしだろ？"

鈴木"データを整理して田中さんに見せたんです．入社時に550点以下の人たちが24人いて，その平均点は512点でした．"

木原"俺は新入社員の平均以下か……．"

鈴木"木原さんの点数は550点以下のグループの人たちの平均以下です！　512点は新入社員全体の平均点ではありません．"

木原"むきになるなよ．どっちにしても平均以下か．まあ，時代が違うからな．"

鈴木"その人たちに半年間の英語教育プログラムを受講してもらい，再度試験を受けてもらったら，平均点は545点になりました．"

木原"ほう，効果があったわけか．よかったな．"

鈴木"それがよくないのです．田中さんがケチをつけるのです．"

木原"田中が圭子に逆らうなんてめずらしいな．"

鈴木"田中さんは統計的方法に強いでしょ．"

第3話　効果があっても効果がない？

木原 "そりゃ，あいつは経営システム工学科卒だからな."

鈴木 "私だって文系ですけど，経済学部で計量経済学のゼミでしたからね．統計学はそれなりに勉強しました."

木原 "それで，**検定**とかしたというわけ？"

鈴木 "えっ!?　木原さん，統計的方法を知っておられるのですか？　これは驚き……！"

木原 "圭子，お前ね．俺だって理系出身の技術屋だよ．検定くらいは知っているよ．検定すれば教育プログラムに効果があるかどうかはっきりするんだろ."

鈴木 "ええ．私もそう考えて，**二つの母平均の差の検定**を行いました．結果は**有意差**が出ました．**推定**もしました．545−512=33点の向上です．**区間推定**もしました．計算したら，(16, 50) となりました."

木原 "なるほど．よかったじゃないか．圭子の仕事が成果を上げているということだろ．それに田中が文句をつけているのか？"

鈴木 "田中さんに，この解析結果を見せたら……."

木原 "何と言ったんだ？"

鈴木 "解析方法が間違っているって言うんです."

木原 "どこが？"

鈴木 "このデータの場合は，24人のそれぞれに対して入社時のデータと教育プログラム受講後のデータを取っているから，**対応のあるデータ**だそうです．だから，'ふつうの二つの母平均の差の検定ではなくて，**対応がある場合の二つの母平均の差の検定**を行わなければならない' って田中さんが言うのです."

木原 "ふーん."

鈴木 "私も，はっと気付いて，解析をやり直しました．対応のあるデータの解析では個人差を差し引いてから比較しますから，ふつ

うはより有意になりやすくなります．この場合もやはりそうなって，有意差あり，平均の差は先ほど同じ33点の向上，区間推定は（23, 43）となりました．"

木原"区間推定の幅が狭くなったんだな．でも，どっちにしても，教育プログラムの効果があったということに変わりはないな．解析が正確になったのは田中のアドバイスのおかげだろう．"

鈴木"でも，そのあと，田中さんは'成績が上がったのは事実だけど，教育プログラムに効果があったとは断言できない'と言うのです．"

木原"どういうことだ？ 正しい統計的検定をやって有意差があったんだろう．区間推定でもプラスの効果が示されているし……．"

鈴木"私も，'どういうことなの'って聞きました．そしたら，田中さんは**プラセボ効果**（placebo effect）を考えないといけないよ'って言うのです．"

木原"……．"

鈴木"私が聞き直そうとしたら，田中さんの携帯電話が鳴って，'じゃあとで'と言って，どこかへ行っちゃいました．"

木原"女からの電話か？"

鈴木"わかりません！ 変なこと言わないでください！"

木原"悪い，悪い．"

鈴木"それで，木原さんならプラセボ効果って何か知っているかな，と思って，わらをもつかむ思いで聞きに来たんです．"

木原"俺はわらかよ．でも，プラセボなんて聞いたこともないよ．"

鈴木"やっぱり知らないですか．"

木原"やっぱりはないだろ．あっ，田中が来たぞ．"

田中"鈴木さん，ここにいたの．探していたんだ．さっきの話が途中だったから．"

木原"おい，田中，お前の一言で圭子は泣きそうだったぞ．いま俺がなぐさめてやっていたところだ．"

田中"僕の一言？　僕，何かまずいことを言いました？"

木原"'圭子の実施した英語プログラムは効果のない金と時間の無駄遣いだ，やめてしまえ'とかなんとか言ったそうじゃないか．"

鈴木"木原さん，話をオーバーにしないでください．田中さん，そうじゃなくて，'統計的に有意差があっても，英語プログラムの効果があるとは断定できない'って言ったでしょ．"

木原"同じことじゃないか．"

鈴木"そのとき言っていた，プラセボ効果とかいうのは何？"

田中"プラセボは偽薬のことだよ．病気の患者に，'薬です'と言って，効果のない錠剤か何かを飲ませれば，それなりに病気が回復することもあるだろう．人間の自然治癒力みたいなものがあるからね．病は気からとも言うし．"

木原"そうそう，圭子，恋の病は誤解からだぜ．"

鈴木"それを言うなら，病はきはら（木原）でしょ！"

木原"圭子，うまい！"

鈴木"田中さん，どうしてそれが私の英語プログラムの話と関係するの？"

田中"つまり，半年後にもう一度試験を受けなければならないなら，もうそれだけで何らかの向上効果が出るかもしれないということだよ．難関の就職試験をくぐり抜けてきた能力もやる気もある人間なんだしね．それに，成績の悪かった人間だけを考えているのだから，少しの努力でも結構点数は伸びるよ．"

鈴木"ということは，英語プログラムに何の効果がなくても，今回のような点数の伸びが生じるということ？"

田中"それはわからない．でも，何とも言えないことは確かだよ．"

鈴木 "……."

木原 "どうすりゃいいんだ."

田中 "少なくとも,半年後にもう一度試験を受験させることによる効果があったのは確かだよ.だけど,特別プログラムの効果があるかどうかを判定しようとするなら,同じ条件で特別プログラムを受講せずに半年後の試験を受けたグループと,受講して試験を受けたグループの二つを設定して,データを比較する必要があるんだ.つまり,前者は'プラセボ効果'だけ,後者は'プラセボ効果+教育効果'だね.鈴木さんのデータは後者しかないから,その効果が何なのかわからないんだよ."

木原 "金をかけて,場所を設定して,教材を準備して,講師を呼んで,実施するだけの値打ちがあったのかということだな.圭子,残念だったな."

鈴木 "ぐすっ.……."

田中 "でも,点数は向上したし……."

鈴木 "余計なことだったのかもしれないのよね.ぐすっ."

田中 "今回のプログラムについてアンケートとか取っているだろう.それに基づいて,来年のプログラムを改訂するのだろう."

鈴木 "ええ.時間を長くしてほしいとか,講師の遅刻を減らしてほしいとか,もっと若い講師にしてほしいとか,ぐすっ."

田中 "ほかには?"

鈴木 "宿題を出してほしいとか,e-ラーニングのシステムを作ってほしいとか,いろいろあるわ.ぐすっ."

木原 "最近の若いやつは前向きだな…….改訂したプログラムを来年実施したら,その点数の伸びのデータと今回の点数の伸びのデータを比較できるんじゃないか?"

田中 "先輩,いいこと言いますね.そうですよ.鈴木さん,だから,

今回のデータは今後に役立つ貴重なデータになるよ."
鈴木"ありがと．木原さん，田中さん．いい勉強になりました."
木原"田中，モノにはプラセボ効果はないだろうが，モノを作るのは人間だろう．だから，品質管理でも人間の関与する部分にはプラセボ効果が存在する可能性があるわけだろ."
田中"ええ．よい方向のプラセボ効果を出すためにモチベーションの研究がされています．また，よい方向でないプラセボ効果を防ぐのが作業標準等の整備なのでしょうね."

> ✿ポイント✿
> (1) データのタイプに応じた解析手法を適用する．
> (2) プラセボ効果に注意する必要がある．
> (3) 人とモノとの違いに着目して考えていく必要がある．

難易度★

第4話　第3の変数を探せ！
散布図

　お昼休みです．食事もろくにとらないで，木原さんが田中さんと圭子さんを探しています．どうやら，選挙のデータを使って散布図から大発見したようで，そのことを2人に話したいようです．木原さんは，興奮気味で，自信満々です．

木原"た，田中っ，圭子，ちょっと待て．大発見をしたぞ．話を聞いてくれ．"
鈴木"いま，田中さんに相関関係の話を聞いていたのに．"
木原"圭子の場合は芸能人の相関図だろう．誰と誰とが仲がよくって，誰と誰とのソリが合わない，なんていう話だろう．でも田中は，昔から芸能界音痴で，卓球はできても，スキーと野球は下手くそだぞ．"
田中"わかりましたよ．先輩の大発見につきあいますよ．"
木原"俺のありがたい発見を聞いて，少しは教養豊かになってほしいという親心からだ．だいたい，田中，頭の中の知識だけじゃ仕事はできないぞ．真のエグゼクティブはな，一見非常識な話が現実には起きていることにだな，謙虚に従いだな，新しい知見として活用していく度量が必要だ．お前みたいに知識の上澄みの中で人の話を否定ばかりするやつは友達をなくしてしまうぞ．"
鈴木"でも，木原さんのお話って，ときどきトンチンカンなことがありますからね．"
木原"う，うるさいぞ．圭子！"

第4話　第3の変数を探せ！

田中 "それで，先輩，世紀の大発見って何ですか？"

木原 "そう，その話だった．いくら一般常識に欠ける君たちでも，自民党と民主党はライバルであることを知っているな．"

鈴木 "ええ．日本も二大政党になりつつありますものね．自民党を支持する人は民主党に投票をしないから，相反する関係ですよね．"

木原 "そうだろう．では，比例区の都道府県別の選挙結果を**散布図**にするとどうなると思う？"

鈴木 "右下がりの**負の相関関係**になると思うわ．"

木原 "そう思うだろう．ところが現実はそうではないんだ．俺のパソコンで真実を語ってやる．"

田中 "……．"

木原 "見ろ．図1は都道府県別の比例区の散布図だ．自民党と民主党では，なんと，**正の相関関係**が認められるだろう．事実は小説よりも奇なりだろう．"

田中 "やはりこんなことだろうと思いました．"

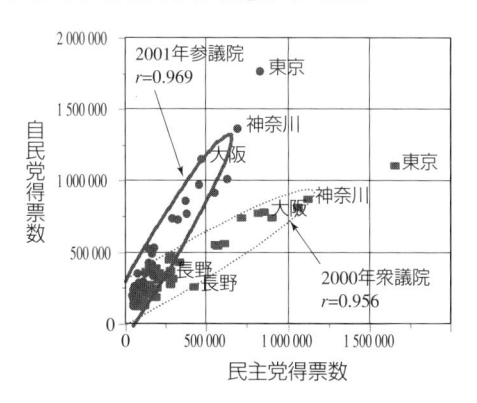

図1　自民党と民主党の得票数の散布図

木原 "何？　俺の大発見にケチをつける気か？"

田中 "先輩，このグラフのデータは比例区の2大政党の都道府県ごとの得票数ですよね."

木原 "そうだ．俺もびっくりしたので，2000年の選挙結果だけでなく，2001年の選挙結果も調べてみた．どちらも**相関係数**が0.95以上で，ものすごい正の相関があるだろう."

田中 "当たり前じゃないですか."

鈴木 "最初，このグラフを見たときびっくりしたけれど，何か違和感をもつわ."

木原 "どうして，最近の若者は感性が鈍いんだろうか……."

田中 "どうかしているのは先輩ですよ."

鈴木 "あれっ，散布図をよく見てみると，どちらの年も投票者数の多さの順番に都道府県が並んでいるわ."

田中 "そうなんだよ．投票者数の多い方から東京，神奈川，大阪，……と並んでいるだろう."

木原 "それがどうしたというんだ."

鈴木 "わかったわ！　都道府県で投票者数が異なるから，その影響で民主党の得票数と自民党の得票数との間で相関が生じたのね."

木原 "うっ！　俺の早とちりということなのか？"

鈴木 "そうよね．同じ人で考えると，民主党に投票した人は自民党に投票できないのだから，2大政党の間にはトレード・オフが起きて負の相関になることが自然ですものね."

田中 "そのとおりだよ．東京や神奈川はそもそも大票田だから，両政党の投票者数は投票者数の少ない鳥取や沖縄や石川に比べて多いだろう．投票数というスケールの中で両政党のトレード・オフの関係が埋没しているんだ."

木原 "二大政党といっても，公明党や共産党等いくつも政党があっ

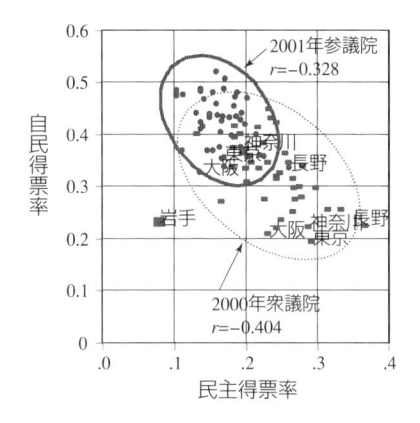

図2 民主党と自民党の得票率の散布図

て，二者択一問題じゃないぞ."
鈴木 "それは別の話で，今回の木原さんの大発見とは関係ないのじゃないですか."
木原 "うぅ．じゃあ，本来の解析はどうすればいいんだ？"
田中 "投票者数の影響を取り除く方法はいくつかあります．例えば，簡単な方法としては，投票率で散布図を作ってみてください."
鈴木 "図2を見ると，あれっ，今度は負の相関になっているわ．やはり，トレード・オフの関係があるのね."
田中 "ええ．先輩の解析の目的は二大政党の関係を調べることだったので，それに影響を与える都道府県の人口，つまり投票者数の影響を取り除いてやることが必要なんですよ."
木原 "やはり，解析結果が常識とかけ離れていたら，どこかおかしいと思ってデータを吟味することが必要なんだな."
鈴木 "2001年の選挙は自民党が圧勝したのだけれど，得票率の散布図からもそのことをはっきりと読み取れるわね．それに，大都

市を抱える都道府県では与党である自民党が相対的に苦戦していることを読み取れるわ．2000年衆議院選，2001年参議院選とその傾向は変らないのね．まだまだ面白い考察ができそうだけど，本題ではないので省略します．"

木原 "いつから圭子がしきるようになったんだい．"

田中 "先輩の早とちりを治す意味で問題を出します．都道府県のデータを調べて，自動車保有数と電力消費量は0.94という正の相関関係があるというグラフを示されたら，どう考えますか？"

木原 "そうだな．経済的に裕福な県は電気も使うし，車の購入数も多いんだよ．常識だろ．国別で考えてみろよ．アメリカや日本のような経済的に豊かな国と途上国とを思い浮かべればいいだろう．"

鈴木 "国別の経済力の差は大きいけれど，都道府県でそれほど大きな差があるとは思えないわ．さっきと同じで人口の影響じゃないかしら．だから，例えば，1 000人あたりの自動車保有台数とか，1 000人あたりの電力消費量にすると相関関係が消えて，**無相関**になるのではないかしら．"

田中 "そうなんだよ．自動車保有台数と電力消費量は，人口という第3の変数の影響を取り除くと相関が消え，相関係数を計算すると -0.06 と非常にゼロに近くなる．このように第3の変数の変動のみに影響を受けて生じる相関関係を**擬似相関**と言うんだ．"

鈴木 "擬似相関の例はいろいろありそうね．例えば，50 m走のタイムと年収の関係は正の相関になりそうだけど，年齢で**層別して**みると無相関になるとか．"

木原 "歳を取ると足が遅くなるからな．俺なんか，もう息切れして30 mも走れないぞ．"

鈴木 "それは，運動しないでビールばかり飲んでお腹が樽になった

からでしょう."

木原 "やい,圭子.それはセクハラだぞ."

田中 "まあ,まあ,もとはと言えば,先輩の勘違いから……."

木原 "ところで,田中.層別しないときは相関が認められないで,層別したら相関が現れる場合だってあるだろう."

田中 "もちろんありますけど.先輩,製造工程で何か面白い例を経験したことはありませんか?"

木原 "ああ,いまの話ではないかもしれないが,シャフトの表面にカーボンを塗布する工程があるんだよ.その膜厚には,塗布液の粘度や,外気の温度や湿度,また,塗布するガンからの距離なんかが影響するんだ.これは実験室のデータでもそうなんだが,物理的にも当然の結果なんだ."

鈴木 "技術のことはよくわからないけど,**因果関係**があるってことでいいのね?"

木原 "話せば長くなるが,そのとおりだよ.原因と結果とがはっきりわかっているということだ.そのために,工程ではそれらの項目を品質管理でしっかり見ているし,標準にもなっている."

田中 "**管理図**で可視化できているということですよね."

木原 "そうだ.ところが,あるときから膜厚不良品がポツポツ出始めたんだよ.そこで,その工程で膜厚と工程条件との関係を散布図にしたら相関関係が出なかった."

田中 "それは当然かもしれませんよ.工程条件は品質管理が行き届いて制御されている状態なのだから,その状態で強い相関があっては困りませんか? 例えば,よく管理された正常な状態で図3の塗りつぶされた部分しか観測されないとしたら,既知項目以外に真の原因があると考えた方がよさそうですよね.このような場合には,工程の観察が大切ですね."

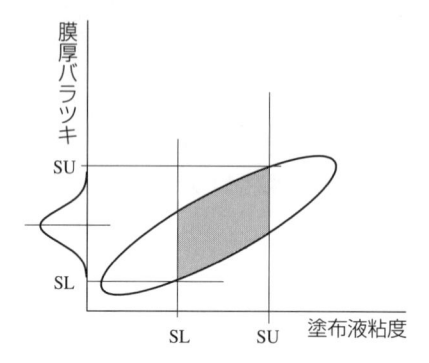

図3 膜厚バラツキと塗布液粘度の散布図

木原 "田中の指摘どおりだよ．お前はなぜ，そう先を読めるんだ？"

田中 "それで，原因は何だったんですか？"

木原 "購入していたシャフトの中に規格よりも真円度の暴れたものが含まれていたんだよ．協力工場のコストダウンで，あるロット中に規格外品が含まれていたんだ．工程ではカーボンコートされたあとの径の測定しかしていなかったから，わからなかったわけだ．"

田中 "工程は正常だったということですか．"

木原 "ああ，それからは受入れ検査もしっかりやるし，協力工場にも品質管理を徹底してもらったという昔話だ．"

鈴木 "この話って教訓的ですけれど，層別したら相関が現れたということの例ではないですよね．"

木原 "ちょっと思いつかなかっただけだ．"

田中 "フィッシャーの'あやめの花'のデータが有名ですね．全体でがくの長さとがくの幅の相関係数を計算するとわずか -0.1 ほどですけど，あやめの種類，そこでは3種類ですけど，それで層

別すると，それぞれに正の強い相関が生じるというものです．第3の変数が質的だけど，よく例として取り上げられます．"

木原 "われわれ技術屋は2次元で因果関係や相関関係を議論するんだが，問題によっては，第3の変数を活用するのも大切ということか．たかが散布図，たかが相関だが，活用するには奥深いんだな."

田中 "そうですね．われわれの扱うデータは，通常，2変数よりもずっと多い多次元のデータセットですからね．問題を解決するには，統計の知識だけでなく，固有技術もないと，擬似相関を見抜けなかったりします．それに，データの偏りや性質を知っておくことも大切です．先輩の例のように，工程条件が通常は管理された状態にあることを忘れて解析すると，誤る場合もありますからね."

木原 "そうだな."

田中 "データ解析には，推理小説とかジグソーパズルのようなスリルがありますよね．わくわくするようなことや，しまった，マヌケだったと思うようなことも経験しますよね."

木原 "圭子，いま，俺のことを思い浮かべただろ."

鈴木 "そんなことないですよ……．"

木原 "続きはアフターの席でやろう．最初のビールくらいはご馳走するぞ．今日は暑いからビールをおいしく飲めそうだ."

田中＆鈴木 "先輩，ご馳走になりまーす."

✿ポイント✿

(1) 散布図の解釈では擬似相関に注意する．

(2) 結果どうしの相関分析では原因系の変数の影響を取り除く．

(3) 偏りのあるデータを使うと誤解を招く．

難易度★

第5話 データの素性が問題だ！

クロス集計表

　木原さんが田中さんに声をかけます．とっても美味しいお酒を飲むことができる会に田中さんを連れて行こうとしています．木原さんはお酒についてたいそうウンチクを傾けています．専門的な雑誌を定期購読して研究しているようです．

木原 "おう，田中．今日の夕方，ちょっとつきあうことができるか？　ご馳走してやるぞ．昼がそばだけだと精がつかないぞ．"

田中 "先輩．どういう風の吹き回しですか？　よろこんでおつきあいしますよ．"

木原 "実は，出口課長から，銀座にあるメランジュだかボテンジュだかという店が月に1回開催している吟醸酒の会のチケットを2枚もらったから，誘ったんだよ．"

田中 "メランジュとボテンジュじゃ全然違いますよ．でもそれで合点がいきました．"

木原 "合点がいったとはどういうことだ？　まあいい．日本酒で思い出したが，田中，知っているか？　雑誌'晩酌の友'が主催している吟醸酒のコンテストで今年は65％が田山錦という米の品種が入選しているんだ．27％が峰錦，5％が十万石だ．どう思う？"

田中 "どう思うって，先輩，それだけじゃわかりませんよ．"

木原 "田中，鈍いなあ．俺が言いたいのは，田山錦で作った吟醸酒は美味しいということだ．そしてだな，今日の会ではその田山錦

の吟醸酒をたくさん飲める，つまり，うまい酒にありつけるってことだ．わかったか．しかもタダだ．感謝しろよ．"

田中 "メランジュは雰囲気がよいという噂の名店でしょ．さすがは出口課長，センスがいい．お酒もきっと美味しいと思います．"

木原 "田中，詳しいな．さては，圭子を食事に連れて行こうと思って下調べしていた店なんだろう．"

田中 "えっ!?"

木原 "図星か．"

田中 "……．ところで，コンテストで競いあった吟醸酒はどれくらいあるんでしょうね．"

木原 "そりゃあ，日本全国から集めた銘酒で賞を競うんだ．毎年，日本人の魂を賭けておごそかに品評されるんだ．確か500種類からベスト100が決まるはずだ．"

田中 "本当ですか？"

木原 "疑い深いやつだ．ちょっと待ってろ．引き出しに'晩酌の友'が入っているからな．ええっと，新年号だったはずだ．"

田中 "先輩の机の中は雑誌の方が多そうですね．"

木原 "仕事には雑学が必要だ．お前はまだまだひよっこだからわからないだろうがな．"

田中 "先輩はトリビアな雑学が好きですよね．"

木原 "あったぞ．やはり500種類から100種類が選ばれている．"

田中 "その500種類で使われているお米の品種はわかりますか？"

木原 "ああわかるよ．資料編に米の種類や日本酒度，アルコール度，酸度なんかのデータが付いているから．"

田中 "それ，すぐに集計できます？ いえ，僕が集計してみます．"

木原 "ほれ，貸してやるよ．"

田中 "この雑誌が取り上げている吟醸酒って田山錦が多いですね．"

木原"だから田山錦はうまいんだよ."

田中"……. 先輩,集計が終わりました. 表1の集計表を見てもらえますか."

木原"どれどれ. これは**クロス集計表**だな."

田中"ええ,**分割表**とも言います."

木原"やっぱり田山錦の入選が圧倒的に多いな."

表1 クロス集計表(分割表)

結　果

		度数 全体% 列% 行%	選外	入選	
銘		田山錦	288 57.60 72.00 81.59	65 13.00 65.00 18.41	353 70.60
		峰錦	60 12.00 15.00 68.97	27 5.40 27.00 31.03	87 17.40
柄		十万石	21 4.20 5.25 80.77	5 1.00 5.00 19.23	26 5.20
		その他	31 6.20 7.75 91.18	3 0.60 3.00 8.82	34 6.80
			400 80.00	100 20.00	500

田中 "選外も田山錦が多いでしょ．今度は行のパーセントを見てください．"

木原 "あれ，入選する割合は峰錦が1番で31％だぞ．2番は十万石で19％，ビリが田山錦の18％だ．どういうことだ？"

田中 "先輩は入選した吟醸酒のデータだけを**層別**して判断したんです．"

木原 "結果で層別してはいけないということか．でも，田中，世の中，結果で層別することは多いんじゃないか．例えば，変革で成功した企業のコツなんて本を読むと，卓越した企業だけについてたんねんに調べて，共通する七つの成功要因を提案して，成功ストーリーを紹介しているぞ．"

田中 "そういう本はおかしいですよ．卓越した企業だけから共通点を求めても，それらは卓越していない企業でも共通点かもしれません．両方の種類の企業を比較しないといけないと思います．本来は，いろいろな戦略や方法によって企業の業績がどのように違ったかを研究して，その差異が最も大きい七つの戦略について書かなければならないと思いますけど．"

木原 "なるほどな．米の品種によって入選できるかどうかの差異を調べるには，それぞれの米の品種に対して，入選と選外の両方の結果が必要だということだな．"

田中 "ええ，'原因と結果' や '層別因子と結果'，いまの場合だと '米の品種と入選・選外' の関係を調べるにはクロス集計表が必要となるんです．"

木原 "よくわかった．ところで，その結果に違いがあるかどうかを知りたいな．田山錦で作る吟醸酒がうまいかどうかがわかるように頼む．"

田中 "ちょっと待ってください．先輩，市場での吟醸酒の種類って，

500より多いと思いますけど.”

木原"俺も確かなことはわからないが,500どころの数字じゃないだろうな.でも,表1全体に対する比率とだいたい同じじゃないか.それが必要なのか.そうか! お前が聞きたいのは**無作為抽出**されているかってことだな.この場合は編集部で適当に名の知れたものを選んでいるだろうから無作為じゃないよなあ.”

田中"先輩,それを早く言ってくださいよ.どのように500種類が選ばれたのか……."

木原"仮に無作為に選ばれたとすればいいだろう.”

田中"それはだめですよ.”

木原"いいから,分割表によるなんとかの検定っていうやつで頼むよ.”

田中"**独立性の検定**ですか? '吟醸酒のコンテストで入選する可能性は原料となるお米の種類によらない' という**帰無仮説**に対して,'入選のしやすさはお米の種類による' という**対立仮説**を設定して検定しますが,このデータには問題があるんですよ……."

木原"それ,それだよ.田中の気がのらないなら俺が計算するよ.ちょうどパソコンが立ち上がっているからな.ええっと,**カイ二乗値**が9.84で,**自由度**が3だろ,すると,p値が0.02だから**有意差あり**だ.つまり,帰無仮説が棄却されて対立仮説が支持される.'お米の種類によって入選する可能性が違う' ということか.すると行のパーセントの値が27.00%と最も大きい峰錦が一番美味しいということか.それなら構成比率で峰錦が一番多くてもよさそうなものだな.美味しくて売れるから田山錦で作る吟醸酒の数が多いのだからな.何か変だぞ.”

田中"先輩,ちょっと待ってください.構成比率だけじゃなくて,雑誌の編集部が無作為に吟醸酒を選んだかどうかが問題ですよ.

先輩は無作為じゃないって言ったじゃないですか．編集部が意図的にしろ，無意識にしろ，選んだ吟醸酒が市場を代表していないと意味がないでしょう．"

木原 "それもそうだな．テストする500種類を意図的に選べば，検定結果はいかようにでもなるな．そういえば，ここの編集長はみょうに峰錦に肩入れした発言が多いからな．無作為に吟醸酒を選んで公正に評価を行った場合にのみ検定結果から意味のある推測が可能になるということか．"

田中 "ええ．それに，一足飛びに吟醸酒の美味しさがお米の品種で決まるというのはどうも早計です．"

木原 "田中の話を聞いて，この雑誌に二重三重にだまされた気がする．"

田中 "先輩，そうがっくりこなくても．メランジュで出すお酒は美味しいと評判ですよ．"

鈴木 "あれ，木原さんと田中さん，パソコンに向かって何を熱心に話し込んいるんですか．"

木原 "おう，圭子か．危うく雑誌の特集にだまされるところだったよ．"

鈴木 "えっ，どういうことですか？"

田中 "雑誌は何もだましていないんだけど．"

木原 "今日な，タダ券があるから，田中をメランジュに連れて行ってうまい酒を飲ませてやろうと誘っていたら，この雑誌に載っている吟醸酒の話になったんだ．それで，ちょうどいま，俺の早とちりだと田中に言われたところだ．"

鈴木 "メランジュですか．いいな〜．いま，若い子の間でも大評判の店なんですよ．どうして木原さんが知っているんですか？"

木原 "そうだ，圭子．お前，俺の代わりに田中と行ってこい．"

鈴木 "えっ！　でも悪いですよ."

木原 "まあ，田中には世話になっているしな．田中もたまには圭子にいいところをみせてやれよ."

鈴木 "一度行ってみたかったんです！　木原さんって，いい人ですね."

木原 "まあな."

田中 "でも，先輩は？"

木原 "俺はいまの話を整理して出口課長を驚かしてやろうと思う．8時くらいには製品化会議も終わっているだろうから."

✪ ポイント ✪

(1) 無作為抽出されたデータが大前提である．
(2) 結果で層別すると誤解を招くので原因で層別する．
(3) 質的データの解析にはクロス集計表を作成する．

難易度★

第6話 改善力を高めるデータの整備
対応のあるデータ

　工場長が木原さんと田中さんを呼び出しました．木原さんは，いったい何だろう，また何か叱られるのだろうかと心配しています．田中さんは几帳面で誠実な工場長を尊敬しています．そこへ笑みを浮かべて工場長が部屋に入ってきました．

工場長 "木原君，田中君，待たせたな."
木原 "工場長，改まって何ですか？　俺たち2人をそろってお呼びとは."
工場長 "ああ．統計的方法に強い君たち2人に相談があってな."
木原 "田中はともかく，俺はそんなによく知りませんよ."
工場長 "田中君に話したら，'木原君も一緒の方がいい'って言うものでな."
木原 "田中，お前，俺を巻き込むなよな．俺はこう見えても忙しいんだよ."
田中 "すみません．でも，工場長のお話を聞いていたら，僕ひとりではどうもできそうもなくて."
木原 "お前にできなくて，どうして俺にできるんだよ."
田中 "先輩の方が現場の方たちに顔がききますからね."
木原 "そりゃあ，俺には人望があるよ."
工場長 "まあまあ．実はだな，部課長研修というのがあって，私も統計的方法を勉強させられたんだ."
木原 "それは大変でしたね．その歳になって統計的方法の勉強はき

ついでしょ！"

工場長"そうだな．しかし，部課長研修だから，統計的方法の考え方や職場での生かし方が中心だったよ．"

木原"工場長は，若い頃，統計的方法を勉強したことはあるんですか？"

工場長"残念ながら **QC 七つ道具**程度だ．**多変量解析法**や**実験計画法**等があることは知っていたし，勉強してみたいとは思っていたんだが，機会がなかった．今回の研修でその概要を聞いたよ．やはり，私も若い頃に勉強しておけばよかったと思った．いまからでも独学しようかと考えている．"

木原"げっ！ まさか，俺たちに工場長の家庭教師をしろと言うのじゃないでしょうね．"

工場長"木原君，安心しろ．そんなつもりはないよ．仮にそうなるとしても，田中君に頼むよ．"

田中"僕もちょっと……．"

工場長"これは2人ともに嫌われたな．ところで，君たちに頼みというのは，この工場でのデータの取り方やデータの管理の仕方等を調査して，必要があれば見直しの提案をしてほしいということなんだ．"

木原"はあ？"

工場長"はあ？はないだろう．第1話で木原君がオペレーターに提案したそうじゃないか．"

木原"何のことでしたっけ．"

工場長"ハンティング現象を起こすから，あまり頻繁な調整をしないように言ったんじゃなかったのか？"

木原"ああ，そうでした．でも，それ以上のことは指示していませんよ．"

工場長 "うん,そうらしいな.オペレーターは,木原君に言われて,目から鱗が落ちたそうだ.それで,田中君に聞きに行ったそうだ."

木原 "どうして俺に聞かないんだろ？"

工場長 "正確なところは田中君に聞きたいということだろう.オペレーターの気持ちはよくわかる."

田中 "先輩に話したことを説明しました.すぐに**管理図**を作ることはできないので,**調整**しない範囲を相談して決めることにしました.必要なときに調整できなくては困るので,少し控えめな範囲にして,工場長に許可をもらったんです."

木原 "それで,その後の様子はどうなんだ？"

田中 "バラツキは減ったそうです."

木原 "そうか,そいつはよかったな！"

工場長 "オペレーターは感謝していたよ.そういうこともあって,私も今回の部課長研修では少しがんばって受講したのだよ."

木原 "なるほど.人望の木原,理論の田中ということか."

工場長 "まあ,そういうことにしておこう.研修の受講後,いろいろと調べてみた.ここ1年間の工場での技術報告書や改善報告書を読んでみたのだが,いまひとつだということがわかった."

木原 "でも,改善報告会ではそれなりの改善報告がされて,工場長も結構満足そうな顔をしていたじゃないですか."

工場長 "確かにそうだ.しかし,いつもこれでよいのだろうかという気持ちがあった.改善されているし成果も上がっているので満足していたが,なんとなく引っかかるところがあったんだ."

田中 "それがはっきりしたということですか？"

工場長 "そうだ.いろいろ問題点が見つかった.ひとつは効果の確認の問題だ."

木原 "効果の確認？"

工場長 "改善案を提案して予想効果を出しているものが多い．それらについて，その後どうなったのかを一部追跡して調べたがはっきりしない．"

田中 "予想どおりの効果が出ていないということですか．"

工場長 "それがはっきりしない．"

田中 "どういうことですか？"

工場長 "改善案を提案して予想効果を算出したのなら，それが実現されたかどうかを確認することが必要だ．しかし，その効果を測れるようなデータを取る工夫や提案をしていない．やりっぱなしなんだ．**水平展開**とかきれいごとも書かれているが，その具体的な方策が示されていないし，実際に水平展開された形跡もない．"

木原 "きれいごとだけを報告書に書いているんだな．"

工場長 "また，改善テーマが単発的なんだ．あるテーマが完了したあと，残された課題を次のテーマで取り上げるというように，継続してテーマが出てくることがない．"

田中 "**PDCA**が回っていないということですね．"

工場長 "改善テーマに取り組んだリーダー何人かに聞いてみた．どうしてフォローしていないんだということをね．"

木原 "どんなことを言いました？"

工場長 "やろうとは思っているが簡単ではないということのようだ．データを取るのにかなりの時間がかかるというんだ．田中君，どう思う？"

田中 "よくわかりませんね．改善活動はデータに基づいて行っているのでしょう？　効果の確認はそれと同様のデータに基づいて行えばいいはずですよね．目標値を決めるときでも，現状のデータを把握しないと決めることはできないでしょうし．"

第6話　改善力を高めるデータの整備

木原 "田中，お前は相変わらず融通がきかないな．改善活動をしなければならないとき，データがうまくそろわなかったらどうする？"

田中 "データを捜すか，新たに採取します．"

木原 "新たなデータの採取に時間や金がかかるとしたらどうだ？"

田中 "……．"

木原 "ブレーンストーミングするさ．お茶を濁すためにするわけじゃないぞ．グループのメンバーで集まって真剣に意見を出し合うさ．そのための方法論もあるから，そういうものを使ってな．"

田中 "グループの人たちのいろいろな意見を聞けて，問題の詳細を共有できてよいですね．しかし，……．"

木原 "ブレーンストーミングの結果の妥当性の検証が必要だと言いたいんだろ．"

田中 "はい．それができないと思い込みが結論になってしまう危険性があります．"

木原 "限られた時間の中ではできないこともある．対策案を立てて予想効果を見積もることがやっとだということもあるさ．それでも悪い方向にならないことが確信できればよいと思うけどな．"

田中 "こういうデータを日常的に取っていればブレーンストーミングのときの材料になったり検証のときの証拠になったりするのに，というような意見は出ないのでしょうか？"

木原 "それは出るだろう．でも，そういったデータの新たな採取を提案することはあまりないだろうな．テーマの結論とは別のことだと考えるからだろう．余計な提案だと思うかもしれない．"

田中 "しかし，そういう提案がされて実現されれば，そのテーマを今後引き続いて取り上げてPDCAを回すことができるでしょうし，対策案の妥当性の検証や効果の確認もやりやすくなると思い

ます."

工場長"まさにそうなんだ．私としては，個々の改善テーマの効果だけでなく，標準化や歯止め等の措置や，その活動を通じて感じた全体のシステムの不備や改良案も積極的に提案してほしいと思うんだ."

木原"工場長，そういうことは期待しているだけでは無理ですよ."

工場長"うん．そう考えて，君たちに頼みたいんだ."

田中"どのようなデータを取れば，改善活動が進み，その評価ができて，PDCAを回すことや水平展開を可能にするのかということですか？"

工場長"そうだ."

田中"工場長は'いろいろ問題点が見つかった'と言われましたが，いまのお話は効果の確認やPDCA等に関することですよね．ほかにもあるのですか？"

工場長"ある．部課長研修のときに改善テーマの評価の仕方について話があった．テーマがどのように選択されているか，目標をどのように決めているか，改善効果を確認しているか，PDCAを回しているか，水平展開を行っているか等がまず重要なのだが，分析力の評価もしっかりしておく必要があると講師が強調していた."

田中"分析力の評価って，具体的にはどうするのですか？ どういう手法を使っているかということを見るのですか？ 正しく使われているかとか？"

木原"もちろんそれもあるだろう．でも，高度な手法なんてみんなが使えるわけではないからな．そういう人材がいるかどうかは大事だが，部課長がすべき評価はもっと総合的なことだろう."

工場長"講師は簡単な判断方法を教えてくれた．第1段階としては，

改善テーマの**要因分析**をデータに基づいて行っているテーマ数の割合を調べろということだ."

田中 "それはさっき議論したことですね."

木原 "うちの場合,その割合は低いということだった."

工場長 "第2段階としては,**2次元の解析**を行っているかどうか調べろということだそうだ."

木原 "2次元の解析? どういうことですか?"

工場長 "**ヒストグラム**を描いたり,**帯グラフや円グラフ**のようなものを作って要因分析するのは**1次元の解析**だそうだ.**散布図**を描いたり,**クロス集計表**を作ることが2次元の解析だそうだ."

木原 "**相関関係**を把握することは必要ですからね.でも,散布図はQC七つ道具のひとつに入っている基礎的手法だし,小学生でも知ってますよ.どうしてそんなものの作成が分析力の評価になるんですか?"

工場長 "私もそう思った.ヒストグラムを描けるなら,散布図だって描けるだろう.ソフトを使えば簡単なことだし.それで,半信半疑,うちの改善テーマを調べてみたら,驚いたことに,要因分析をやっている事例では,1次元の解析をやってはいるが,2次元の解析を行っている事例はほんのわずかしかなかった.だから,講師が言っていた評価方法によると,うちの分析力は非常に低いことになる."

田中 "わずかでも2次元の解析例はあったのですか?"

工場長 "あることはある.いくつかには散布図や相関係数が記載されているが,私の技術的な知識とはあまり合わないのだよ."

木原 "どうしてだろう?"

工場長 "報告書を作成した人間に聞いてみたのだが,計算をしてみたものの私と同じようにおかしいと思ったので,その方面からは

追求しなかったそうだ．近くにいた他の連中にも尋ねてみたが，やはり同じようなことを言っていた．田中君，どう思うかね？"

田中 "そうですね．二つ考えられると思います．ひとつは，xとyに相関があるということが成り立っていても，現場ではそれだからこそxの変動を制御してyの変動を抑えていることがあると思います．そのときは，現場のデータに基づいて散布図を描いたり**相関係数**を計算しても，相関は見いだせずにおかしいということになると思います．"

木原 "不良品だけ集めて解析しても，良品を含めた全体の中での不良品の特徴は見いだしにくいということだな．"

工場長 "木原君，なかなかいいことを言うじゃないか？ 田中君，もうひとつは何だね？"

田中 "データに対応がとれていないことが考えられます．"

工場長 "どういうことかね？"

田中 "例えば，表1のデータの形式を考えましょう．"

表1　多変量データの形式

No.	x_1	x_2	x_3	$\cdots$	x_p
1	x_{11}	x_{12}	x_{13}	$\cdots$	x_{1p}
2	x_{21}	x_{22}	x_{23}	$\cdots$	x_{2p}
$\vdots$	$\vdots$	$\vdots$	$\vdots$	$\vdots$	$\vdots$
n	x_{n1}	x_{n2}	x_{n3}	$\cdots$	x_{np}

木原 "多変量データだな．こういうデータはよくあるな．うちもコンピュータの中にデータベースとしてあるんじゃないか？"

田中 "あると思います．"

工場長 "このようなデータがあれば，変数間の散布図の作成や相関係数の計算なんかいくらでもできるじゃないか．それに多変量解

析法だって適用できる."

田中 "形式的にはそうですが，実際はそうではないと思います．表1で$x_1, x_2, \cdots, x_p$は複数の工程で観測される変数だとします．例えば，No.1の行のデータですが，これらの値が一つの製品を追いかけていって測定されたのなら**対応のあるデータ**です．他のNo.のデータにもそのような対応があるのなら，散布図の作成や相関係数の計算，多変量解析法の適用も意味があります."

木原 "だから，こういうデータがあればいいんだろ."

田中 "しかし，もし表1ではNo.ごとに同一時間で測定された各変数の値が記録されているのならどうなりますか？"

木原 "同じNo.でもx_1のデータとx_2のデータは違う製品を測定している可能性があるな."

田中 "そうなら，相関関係を求めても意味がありません."

工場長 "講師が'使えるデータ・使えないデータ'と言っていた意味はそういうことだな．対応のないデータなら多変量データの形式に見えても，変数ごとの1次元の解析にしか使えないということか."

田中 "そうですね."

工場長 "うちには対応のある多変量データが整備されているかどうかがポイントだな．そのあたりから調査して，対応のあるデータのデータベースとなるような改善案を至急作成してくれ."

✿ポイント✿

(1) 日常データの取り方や蓄積の仕方の検討も改善活動の一部である．

(2) 2次元の解析が分析力の指標のひとつである．

(3) 対応のあるデータの採取が必要である．

難易度★

第7話 観て察するか,実際に験するか?
観察と実験

　定例の工場長による方針説明会が行われています.工場長は,今期の品質方針について,ラインごとに説明をしています.工場長の威厳と説得力のある説明を木原さんと田中さんは熱心に聞いています.今回はクラッチハウジングの強度向上の問題が2人の手にゆだねられそうです.

工場長 "……というわけで,今期のテーマは新規製品に対しては垂直立ち上げを,そして,既存製品については品質向上を目指すこととしたい.特に,ライン1は新規製品だから垂直立ち上げを頼むぞ.一方,ライン2のクラッチ部品は既存製品であり,従来から強度不足が指摘されている.この問題を解決するように.そしてライン3は……."

田中 "ライン2って先輩のところですよね."

木原 "ああ,そうだよ.クラッチハウジングの強度不足さ.強度がいまひとつ不足していて,あと5%程度の改善が必要なんだ.あれは面倒だよなあ……."

工場長 "ライン2だが,今回は,木原君,君がやってくれ.強度向上のプロジェクトリーダーは君だ."

木原 "えっ? 俺ですか?"

工場長 "木原君,ぜひ頼む.それからサブリーダーは田中君,君にお願いしよう.よろしく頼む."

田中 "はい,了解しました.全力を尽くします."

木原 "頼むぞ，田中！"

工場長 "木原君，リーダーは君だ．責任を転嫁してはいかん．"

木原 "失礼しました．"

工場長 "この問題だが，ある程度生産を続けていて強度以外の問題はほとんど出ていない．大がかりな工程変更をすると強度以外の結果に影響を与えかねないから，生産設備条件のちょっとした条件変更で強度向上を図ることを考えてほしい．"

木原 "了解しました．"

＊　　　＊　　　＊

木原 "了解しましたとは言ったものの，どうやって手をつけたらよいのやら？　田中，助けてくれ．"

田中 "このようなときの定石は，まず，**特性**である強度に影響を与えそうな**要因**を探すことです．"

木原 "今回の場合，クラッチを保護するハウジングの強度が問題だ．強度に関連しそうな要因を候補として取り上げて，それらの**条件**を変えることで強度を改善できるか検討するというわけだな．"

田中 "そうです．さえていますね．いつもよりも真剣ですね．"

木原 "まあな．じゃあ，操業データをあさってみるか．最近の記録はコンピュータに入っているだろう．"

田中 "はい．データベースを開いてみましょう．"

木原 "とりあえず，**散布図**を作ってみるか．どれどれ……．こんな散布図になった．まず，図1の強度と z_1 の散布図を見ると……，強度とほとんど関連がないなあ．z_2 との散布図を見ると……，おっ，強度と関連がある！　z_2 が減ると強度が高くなっている，ってことは，この z_2 を低くすれば強度が高くなるんだな．"

田中 "先輩，何かわかったんですか？"

木原 "ああ．すぐに解決しそうだ．図1を見てくれ．強度を高くす

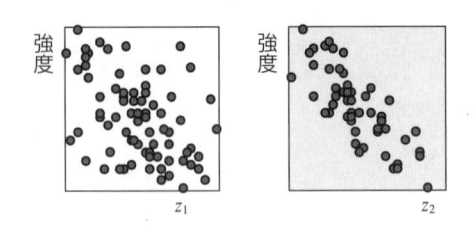

図1 強度と関連のない変数とある変数

るには z_2 を低くすればいいようだ．これでめどは立ったぞ．"

田中"それで，この z_2 って何ですか？"

木原"えーっと，これは弾性係数だな．"

田中"じゃあ，弾性係数 z_2 を低くすれば，強度が高くなるんですね．それで，弾性係数っていうのは，原料の弾性ですか？"

木原"うーんと，それとは違うんだな．弾性係数ってのはクラッチハウジングの弾性なんだ．だからこのはじき具合が低いクラッチハウジングを作れば強度が上がるってことだよ．"

田中"先輩，ちょっと変じゃありませんか？ 弾性係数はクラッチハウジングが出来上がった結果を測定しているのですよね．つまり，結果系の特性のひとつではないですか？"

木原"ああ，結果を測定しているんだ．だから，この結果をよくすることが重要で……．弾性を低くするには…… !?"

田中"やはり，結果なんですね．これではだめですよ．"

木原"何でだめなんだ？ お前の言うとおり，強度に関連する変数を探したんだぞ．"

田中"結果に影響を与える要因を探さなきゃいけないんです．だって，われわれが直接アクションを取れるのは要因ですから．"

木原"そうか，そうだよな．関連があったとしても，直接手を加えられないなら意味がないからな．関連がある変数が見つかったの

で終わったと思ったんだけれどなあ……."
田中 "これはデータ解析で陥りやすい落とし穴のひとつです．このように既存のデータを使った場合には，気を付けなければいけないことです．観察によって得られた既存のデータを使う場合を**観察研究**と言います．観察研究では原因と結果の区別が先見情報によりわかっていないとまずいんです．"
木原 "先見情報というと？"
田中 "例えば，固有技術的にこちらが原因でこちらが結果だとか……．"
木原 "なるほど．今回は，弾性係数だから俺の生産に対する知識からすぐわかったからいいけど，わからない場合もあるなあ．従業員の給料と仕事への満足度の関係なんて，いろいろ解釈できるよな．'給料が高いから満足度が高い'という可能性もあるし，'雰囲気がいい会社は，業績がいいから給料が高く，また雰囲気がいいから仕事への満足度も高い'とか，いろいろと考えられるな．"
田中 "はい．勝手な思い込みで散布図を描いて，どっちが原因でどっちが結果かを勝手に決めてしまってデータ解析したとします．もしこの決めつけが間違っていたら……．"
木原 "とんでもないことになってしまうな．"
田中 "だから観察研究では**因果関係**を前提とした考察を進めるのは危険なんです．今回のように，特性をねらいの値に変化させるために，要因の具体的な条件である**水準**についてその設定を考える問題は**制御**と呼ばれます．制御には因果関係の存在が前提となるので，観察研究で制御を考えることは危険なんです．"
木原 "じゃあ，観察研究は役に立たないのか？"
田中 "いや，そんなことはないですよ．例えば，今回の工程で，強度を測定するのはとても時間がかかるから，その測定工程を省略

したいとします．そんな場合に，強度と弾性の関連から，弾性係数を測定して強度を推定することはできます．もし，その精度が十分なら，これは意味のあるアプローチです．このアプローチは**予測**と呼ばれます．"

木原 "そうなのか．観察研究は予測には大丈夫だけれど，今回みたいに因果関係を考えて，結果をよくするために使うには問題があるということか．"

田中 "ですから，因果関係を確かめるためには，**実験**が必要です．"

木原 "やはり，実験をやった方がよさそうか……．"

田中 "はい．強度に影響を及ぼすと思われる原因系の要因を**因子**として取り上げ，その水準を変更させて実験を行い，強度の向上を図るのがいいでしょうね．"

木原 "弾性等の他の特性に大きな影響を及ぼさず，また，安全面なども問題がなく，一方，強度に影響しそうな要因だな．となると，成型圧力あたりかなあ……．"

田中 "成型圧力？ クラッチハウジングを作るプレス機械での圧力ですか？"

木原 "そうだ．プレス圧力を高くしすぎると硬くなりすぎて粘りがなくなるし，一方，低くしすぎるとプレス形状が定まらない．他の特性への影響や生産性等を考えると，プレス機械での圧力は 1 000 (N/cm^2) から 1 200 (N/cm^2) の間に設定しておけば問題はないだろう．"

田中 "現行条件はどうなっているのですか？"

木原 "1 000 (N/cm^2) だ．強度を上げるには圧力を多少高くした方がいいかもしれない．でも，上げすぎてもかえって強度が下がることもあるんだ．"

田中 "そうすると，1 000 (N/cm^2) から 1 200 (N/cm^2) の範囲で成型

圧力の水準を変えて実験を行い，強度を測定すればよさそうですね．"

木原 "そう思う．"

田中 "じゃあ，さっそく，この範囲で**1元配置法**の実験をやってみましょう．誤差の評価のために，それぞれの成型圧力の水準で**繰り返し**を入れる必要がありますね．"

木原 "了解した．では実験を実施してみよう．"

　　　　　　　　　　＊　　　＊　　　＊

実験後……

木原 "田中，実験結果が図2だ．やっぱりにらんだとおりだな．現行条件よりもう少し圧力を高くした方が強度が向上しそうだ．この場合の強度は指数化した数値で，現行条件の1 000だと強度は75ぐらいだけれど，圧力を1 100にすると80を超えそうだぞ．これだと約5%程度の強度の改善になるなあ．"

田中 "うまくいきましたね．強度アップはほぼ達成ですか？"

木原 "おう，5%程度強度アップすれば，まあ工場長の要請は満たすだろう．よし，これで報告だ．成型圧力を1 100にすれば約

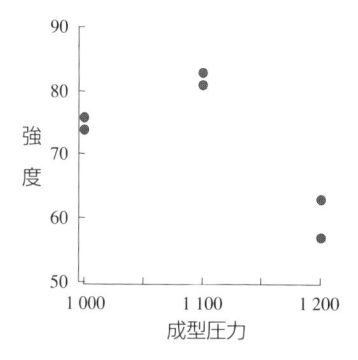

図2　成型圧力を変えた実験結果

5%の強度向上っ！"

田中 "先輩，もう少しこのデータを眺めてみませんか？ **モデル**を当てはめて，より深く解析をしてはどうですか？"

木原 "モデルって何だ？"

田中 "**構造式**とも呼びます．例えば，強度を成型圧力の2次式で表したりします．つまり，

$$強度 = b_0 + b_1(成型圧力) + b_2(成型圧力)^2$$

というような関数で表現するわけです．統計ソフトで計算してみましょう……．できました！"

田中 "図3がそのモデルを当てはめた結果です．計算してみると

$$強度 = -1\,590 + 3.115(成型圧力) - 0.001\,45(成型圧力)^2$$

となります．"

木原 "どんな方法で求めんたんだ？"

田中 "**最小2乗法**です．これは，実測点に対してできるだけ当てはまりのよい式を求める方法です．"

木原 "最小2乗法なら聞いたことがあるよ．この式を用いると，例えば成型圧力が1 050のときの強度を予測できるわけだな？"

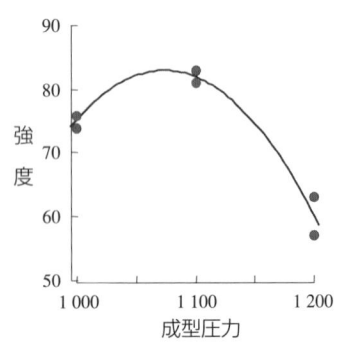

図3 2次モデルの当てはめ

田中 "はい.この式を求めておくと,例えば強度を最大化する成型圧力が求められたり,生産上の理由で成型圧力を例えば1 150にしたときの強度等が求められたりして,いろいろと便利です."

木原 "この式はデータから求めたある種の近似だよな?"

田中 "ええ,**近似モデル**(approximated model),あるいは,実測値に基づくという意味で**経験的モデル**(empirical model)と呼ばれることもあります."

木原 "経験的モデルと言われると語感的にもよくわかるな."

田中 "あっ,工場長!"

工場長 "どうだ? 例のクラッチハウジング強度向上プロジェクトは?"

木原 "何とか5%の強度の向上を確保できそうです.最初はすでに収集されているデータで求めようとしたのですが,それではうまくいかないので実験を行ってみました.うまくいきそうです."

田中 "詳細な条件はまだ求めていませんが,成型圧力について現行の1 000 (N/cm^2) から少し増加させることで強度を改善できることが実験で確認できました.図3をご覧ください."

工場長 "それは何よりだな.ご苦労だった.実験はやはり重要だな."

田中 "このカーブを詳細に見ると,1 075 (N/cm^2) で強度は最大化されますね.これは,さっきの2次式を成型圧力で**微分**してゼロとおき,それを解くことで求められます.また,成型圧力を1 075にすると強度はだいたい82から83前後になりそうです."

工場長 "すばらしい.目標達成だな.他の特性との関係を調べて,うまくいくようだったら,これを実工程に展開してくれ."

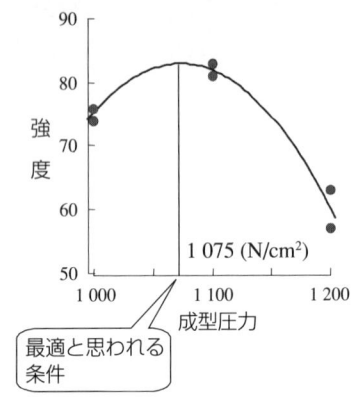

図4 最適と思われる条件

✿ポイント✿

(1) 実験により因果関係を確かめて制御する．
(2) 予測には，観察データから予測式を求める．
(3) 相関の有無と因果関係の有無は別問題である．

難易度★

第8話 お客様の感性に聞け！
顧客満足度調査

　木原さんは，業者との打合せがうまくいき，ご機嫌です．仕事場への帰り道，人事部の横を通りかかると，圭子さんが何やら思い悩んでいる様子です．放ってはおけないと思い，木原さんは圭子さんに声をかけます．

木原 "おう，圭子じゃないか．なんだか微妙な顔をしてるな？"
鈴木 "あっ，木原さん．実は，この間，田神先生をお呼びしてCSの研修を開催したんですが……."
木原 "ん？ CS？ また新しい横文字か．お前ら教育担当は次から次へとみょうちくりんなものを持ち込んでくるな．そのCSとかいうのは何だ？"
鈴木 "**CS**（customer satisfaction）は**顧客満足度**の頭文字で，顧客満足度を上げるための調査を**CS調査**と言うんです．"
木原 "わざわざ調査なんかしなくてもいいんじゃないか．技術部門はいつも顧客のことを考えて知恵を絞っているんだ．いい商品を開発したら売れるし，実際，評判もいいぞ．"
鈴木 "いままではそうだったかもしれませんが，本当にお客様の気持ちや目線で商品開発をしているのでしょうか．企画の常盤部長や松島さんは，もっとお客様の目線で商品開発をすべきだという考え方なんです．"
木原 "圭子の提案したCS研修にさっそく引っかかったということか．"

鈴木"ちゃかさないでください．それで，研修を受けた松島さんから相談があったんですよ．"

木原"どうせ，そのCSだかGSだかの調査を展開するためにはどうしたらよいかということだろ．"

鈴木"GSはガソリンスタンドのことですか？"

木原"違うよ．GSといったらグループサウンズだろ．で，そのCS調査がどうしたんだ．松島が何を困っているんだ？ あいつの場合は企画倒れが多いからな．"

鈴木"そんなことないですよ．社内の新規事業提案コンテストでは，これからはエコやヘルスケアの事業分野にも目を向けるべきだって，電動歯ブラシの'クリーン・ホワイト'の提案で優秀賞をもらわれたじゃないですか．"

木原"あいつの場合，ヘルスケアだ，エコ商品だと，流行ばかり追っかけている．だけど，うちの本業は車の心臓部品だぞ．"

鈴木"これからの世の中，エコやヘルスケアはとても重要ですよ．車の電装部品で培った技術で新規事業を立ち上げるなんてロマンを感じませんか．"

木原"それはそうと，**アンケート調査**なんて，ただ満足度を聞くだけの話だろ．社内で展開している**従業員満足度調査**とほとんど同じだろ？ 圭子の教育アンケートだって同じじゃないか？ ちゃっちゃと作ればいいだろ．"

鈴木"それほど簡単にはいかないですよ．"

松島"あれっ．木原さん，また鈴木さんをいじめているんですか．"

木原"松島，ちょうどいいところに来たな．いまお前の話をしていたんだ．"

松島"俺の話ですか．俺って服のセンスいいからな．イタリアブランドならまかせてください．木原さんが男前になるスーツを見立

第8話　お客様の感性に聞け！

てましょうか？"

木原"遠慮するよ．ところで，お前，CS調査をやりたいんだってな．"

松島"ええ，ちょっとばかり田神先生に感化されて……．上司の常盤部長に相談して予算を取ったんですよ．300万円．"

木原"何っ，300万だと！　300万あれば，高級スポーツカーを買えるぞ．たかが調査で何でそんなに金がかかるんだ？"

鈴木"調査用紙の郵送代や謝礼，お客様からの質問に答えるホットライン等を考えると結構な額になります．本当は，初めての調査なので調査会社に指導をお願いしようとしました．でも，そこまでの予算がつかなくて……．"

木原"300万の上にさらに金をかける気だっただと？　たかが調査でかっ！　全く……．頭が痛くなってきた．"

松島"たかが調査だなんて言う木原さんの考え方が古いんですよ．"

木原"悪かったな．で，何が問題なんだ？"

松島"ええ，僕らとしては，満足度だけを聞くのってもったいない気がして，あれやこれや聞きたくなるんですよ．そうすると，いままでの調査と何が違うのかなという気がしてきたんです．"

木原"聞きたいことを素直に聞けばいいじゃないか．それとも何か作法でもあるのか？"

松島"やはり，話をする相手を間違えた……．"

木原"ちょっと待て．これまでの企業活動は生産性・効率性重視だったろう．品質のよいものを安く安定してたくさん市場に供給することで，世界を席捲してきたんだ．つまり，技術を前面に押し出して生産技術や工程でがんばってきたんだよ．"

田中"しかし，最近では，それが通用しない世の中になったんですよ．グローバル化やIT化によって大量生産方式が成り立たなく

なりました."

木原"田中,いつ出てきたんだ.忍者みたいなやつだな."

田中"IT化で時間的優位性が保てないので,CS重視の経営によって顧客の潜在的なニーズを先取りして,サービス・情報社会を生き抜こうとする当然の流れなんですよ."

木原"田中,俺にしゃべらせろ.CS経営を進めていくためには,俺のような旧人類に対しての社内啓蒙がまず必要だ.それに,商品やサービスに対するCSについて客観的な情報を収集することが必要になる.これも昔から言われていることだろ."

田中"しかし,お客様の視点から自社の商品や経営システムを見る必要があります.自社の都合で規格や制約を設けていることが多いですよね.例えばOA機器は,立ち上がりの時間が長いけれど,本当はすぐにでも使いたいですよね.それが,パソコンを立ち上げるのに1〜2分もかかるのは仕方ないとか,コピー機のスイッチを入れて実際にコピーを取るのに2〜3分の時間がかかるとか,身の回りにもちょっとした不満はあるでしょう."

木原"そういえば,昔のTVはスイッチを入れてから画面が現れるまでに時間がかかっていたな."

田中"メーカーだけの視点では,技術的にとらえすぎてあきらめることが多かったり,取るに足らないと過小評価することもあるんです.お客様が満足する商品・サービスを提供し続けるためには,直接お客様からの声を聞き,それを新商品やサービスに反映させていくことが大切です.いままでは,自動車メーカーが言うとおりの技術開発をしてきたけれど,企業間取引のビジネスにだって,自動車メーカーだけでなく,エンドユーザーの声を積極的に反映させることが必要です."

鈴木"ところで,CS調査には大きく分けて**購入満足度調査**と**顧客**

第8話　お客様の感性に聞け！

対応満足度調査があると聞いたのですが，どう違うのかしら？"

田中 "通常のCS調査といえば，購入満足度調査のことなんだ．これは購入した商品やサービスについて，顧客がどのような評価をしているのかを調査するものなんだ．アンケート用紙が購入した商品に添付されていたりするし，先日行ったレストランにもテーブルにアンケート用紙があっただろう．これらも購入満足度調査なんだよ．"

木原 "何だ，ふつうの調査じゃないか．で，いつどのレストランに行ったんだ？"

鈴木 "聞き流してください！　顧客対応満足度調査って何なの？"

田中 "顧客対応満足度調査は，お客様相談センターに入ってくるクレームの対応や，問い合わせに対する回答等の，顧客対応への満足度を調査するものなんだ．顧客サービスとクレーム対応についてのレベルを上げるためにやるんだよ．"

木原 "そうだな．ちょっとした問い合わせで，たらい回しにされたあげく，わかりませんとなったら，もうその会社を信用しなくなるからな．大事な調査といえるな．"

田中 "ただ，1回の調査で両方の内容を聞くこともあるから，概念的に理解しておいた方がいいよ．"

松島 "田中，お前のウンチクはいいから．具体的に購入満足度調査はどうすればいいんだ？"

田中 "まず，調査の対象を決める必要があります．エンドユーザー調査では，商品の購入者やサービスの利用者全体が対象となります．このとき，全顧客を調査する必要はなくて，顧客リストから**無作為抽出**して標本調査を行うとよいですね．また，第三者調査結果を利用することで競合比較も可能となります．"

木原 "無作為抽出して送付先を決めても，無関心な顧客や商品に不

満をもっている顧客は返信してくれないぞ．"

田中 "ええ，この**バイアス**はどうしてもかかります．CS調査結果では，本当に不満なお客さまは回答されないことが多いから，評価がよい側にバイアスがかかることがあります．"

鈴木 "謝礼をはじめから同封しておいても同じなのかしら．"

田中 "回収率を上げるには役に立つけど，本来は調査に時間を割いてくださったというお礼の意味だよね．また，官庁や一部の企業では，謝礼を丁重にお断りするところも増えてきたようだよ．"

松島 "ほかに注意点はないかい？"

田中 "調査は郵送調査やインターネットの利用等様々です．インターネット調査については，利用者が限定的であることや自己申告による不正確さ等，バイアスの発生を指摘するネガティブな見解もありますが，今後はますます増えていくと思います．設問の組換えが簡単だし，写真や簡単なアニメーションの提示等，インターネットならではの活用方法があります．調査では，回答結果が集計・分析のためだけに使用されるということをはっきり伝え，遵守することです．"

松島 "調査した内容や情報を使って不当に営業活動等に利用してはいけないということだね．"

田中 "また，調査を行って，ここが悪いという報告会だけで実際の改善が伴わないと，アンケートにまじめに回答したのに直らなかったという不満を持たれてしまいます．大切な要因には即座に対応することが大事です．だから，企画部門だけで調査してもうまくいきませんよ．**CFT（クロス・ファンクショナル・チーム）**を作って活動されたらどうでしょうか．事業部長にも入っていただけるといいと思います．"

木原 "当然，お前もそのCFTに入って活躍してくれるんだよな．

よかったな圭子，これでお前の心配ごとが晴れただろう．"
松島 "俺はうれしいし，上司の常盤部長も奔走してくれそうだけど，田中，お前の仕事は大丈夫か？"
田中 "ええ，前々からCS調査の必要性は感じていましたから，時間を作って参加しますよ．"
鈴木 "私も参加しようかしら．教育だけ企画して知らんぷりだと，木原さんに怒られるから．"
木原 "俺は後方支援してやるよ．"
松島 "調査のやり方についての注意点はわかってきたよ．調査内容についてはCFTを立ち上げながら検討するけれど，分析方法としてどんなものがあるのかを教えてくれないか．あまり難しくない手法を頼むよ．"
田中 "調査項目と質問内容が決まったとしましょう．それを調査票に落とし込みます．このとき，社内での表現が世間では使われていなかったりしますから，平易な言葉を使ってください．技術的な専門用語は絶対に避けてください．"
木原 "昔から言うからな，社内の常識，社会の非常識ってな．"
田中 "CS調査によく用いられるのは，各質問について，1：非常に満足，2：やや満足，3：どちらとも言えない，4：やや不満，5：非常に不満の5段階の**評点**です．3で'ふつう'という表現はしません．4段階や6段階評点も見かけますが，'どちらとも言えない'というニュートラルな評価を入れた奇数段階が一般的です．"
鈴木 "各個別満足度の質問の最後に，総合満足度や再購入意向を設けておいた方がよいと習ったわ．再購入意向が購入直後で難しい場合には，友人や知人への紹介という設問でもいいそうよ．"
木原 "そうすることで何を聞きたいんだ？ 最初に総合満足度を聞

いてはだめなのか？"
田中 "個別の質問をまず設定することで，どういった要因が総合評価や再購入意向に影響を与えているかを知ることができます．個別項目の満足度の影響を受けて最終的な総合満足度を決めるというロジックに沿っているからよいという説もあります．その逆だと，企業として打つ手がなくなりませんか？ 総合満足度が原因で，その結果として個別満足を理由付けるとなると．それに，最初に総合満足度を聞くと評価がよい方向に出やすくなります．個別項目の具体的な根拠について自由回答欄を設けておけば，情報の価値が高まり，具体案も浮かび上がります．"

鈴木 "教育のアンケートでも，具体的な提案を書いてくれることが多いわね．"

田中 "CS調査は，商品やサービスに対する顧客の事前期待に対して，実際に商品を購入して使用したり，サービスを受けたりしたあとのギャップを満足度でとらえたものですから，相対的な評価であることを忘れてはいけないです．"

松島 "そうか，調査といえば，顧客がいかに我々の製品をたくさん買ってくださるかばかり考えていたね．実際に製品が使われたあとの使用感を大切にするということがCS調査なわけか．"

鈴木 "お客様が感じる信頼感ととらえてもよさそうね．"

田中 "ええ，ちょっと言いすぎかもしれませんが，伝統的な消費者調査は，いかに商品やサービス等をお客様に提供するかという目的で消費者の行動様式を調査し，市場セグメントの理解，購買動機，選好認識等，主にお客様の選択までの領域を受け持つ調査だったんです．だから，買ったあとのことに重きをおいていなかったといえます．"

木原 "わかったから，分析の話をしてくれ．"

田中 "分析も大切ですが,生データの吟味が必要ですよ."

松島 "常盤部長は,'生データの集計やらコーディングは機械的な作業だから外部の専門業者にまかせたらどうか'と言っていたけどな."

田中 "それは間違いですよ.回収された調査票には,しっかり目をとおしてください.データの入力まで,松島さんにやれとは無理強いしませんけど,本当は入力まで自分たちでやった方がいいんですよ.人の感性ってとても大切ですから."

松島 "そうか,ちょっと大変だけどやってみるか."

木原 "データセットの形ができたら,実際のデータの分析になるんだろ.多変量解析法とか,かっこよくやるんだよな."

田中 "手法を使うことが目的ではないですよ,先輩."

鈴木 "まずは,項目ごとの分布を帯グラフで整理するのがよいと思うわ.1次元の解析ですよね."

松島 "そうだな.非常に満足の度合いや不満の度合いは知りたいからね.それから,事前期待と満足度の関係を知りたいけど,どうするんだ?"

田中 "分析の結果をイメージして質問形式や調査票の設計をすることが大切だと思います.分析の仕方は多種多様ですが,松島さんの目的に合うような分析方法を紹介します."

鈴木 "そういえば,**CS ポートフォリオ**という手法を習ったわ."

田中 "CS ポートフォリオは,CS 調査で得られた,商品の機能・性能といった商品満足度に関する要素と,メンテナンス・接客や営業態度といった営業満足度に関する要素について,同時,あるいは個別に顧客の期待度と満足度を散布図に布置し,それぞれの平均線で4分割したものです.2次元的な解析を行うのです.得られた相対的な顧客の**満足度空間**を定義・分類し,統合的戦略に役

立てます."

松島 "相対的な順位付けや重み付けができるというわけだな."

田中 "ええ,そして期待度と満足度の定量化では,調査票の回答から5段階評定尺度などによる平均スコアを用いることが多いです.期待度が調査票から得られにくいサービス属性では,あえて,総合満足度や再購入意思に対する個別満足度の標準回帰係数を顧客の期待度として扱う場合もあります."

鈴木 "4分割した空間の意味はどうなの?"

田中 "満足度空間は,例えば,①**顕在的不満足空間**,②**顕在的満足空間**,③**潜在的不満足空間**,④**潜在的満足空間**と考えればわかりやすいと思いませんか."

松島 "顕在的満足空間の項目がわれわれの相対的な強みであり,顕在的不満足空間の項目がわれわれの緊急改善領域ということだな."

木原 "潜在的不満足空間の項目については,寝た子は起こすなということで,そっとしておくのがよいということだな."

田中 "そんなことはないですよ.4分類された各項目について,統合的戦略を策定します.分類があくまで相対的なものであることは,わかっていただけたと思います.また,企画の松島さんだけでなく,設計部門や営業部門とのCFTの中で戦略策定してください."

木原 "俺は,総合満足度に影響する個別満足度を知りたいな.開発したものに対するお客様からの通信簿だからな."

田中 "それには,**決定木**のような分類手法等が役立ちます."

> ✿ポイント✿
> (1) CS調査で製品やサービスの使用感を調べる．
> (2) グラフやCSポートフォリオで見とおしをつける．
> (3) CSの構造化には多変量解析法が有効である．

難易度★

第9話 よいものどうしではだめなことも
交互作用

　第7話のプロジェクトで成功をおさめた木原さんに，工場長は新しいプロジェクトを指示したようです．木原さんは，今回担当することになった電子回路ケース設計プロジェクトの実験結果らしいデータを眺めて頭を抱えています．どうやら，最善と思った設計が最善とはなっておらず，どのように解釈したらよいのかについて途方に暮れているようです．

木原 "田中，ちょっと聞いてくれ．電子回路ケースの肉厚確保のための実験を行ったんだ．そうしたらうまくいかなくて……．検討方法や考え方はよかったと思うんだが，何でなんだろう？"

田中 "どんな部品ですか？"

木原 "新型電子回路ケースだ．例の新素材導入プロジェクトの中で出てきたやつだ．"

田中 "ああ，あの部品軽量化をねらった……．"

木原 "その新素材を使って，射出成型を行うんだ．"

田中 "それで，問題は何ですか？"

木原 "今回問題になったのは，部品の角の部分だ．その角で肉厚を確保するのが難しくてな．図1のようになるんだけど，内部形状が意外に複雑で，射出成型での肉厚確保が難しいんだよ．"

田中 "このケースの中に電子回路が入るのですね．"

木原 "そうだ．この中に回路を入れて，回路を保護する．俺の人生にもこうやって保護してくれる仲間がほしい……．"

第9話　よいものどうしではだめなことも　　143

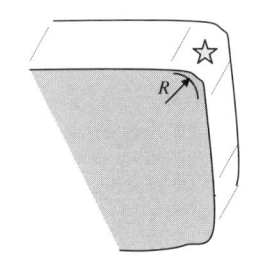

図1　電子回路ケースの概要

田中 "ちょっと暗いですよ．先輩らしくもない．"

木原 "今日はテンションが低いんだ．ここで問題になっているのは，その肉厚の確保だ．図1で角にRと書いてある箇所があるだろう？ その部分の肉厚が問題になっている．工場長からの指名で，俺のところにプロジェクトが回ってきたってわけさ．"

田中 "へえ，先輩，信頼されているんですね．"

木原 "第7話ではうまくいったからな．田中のおかげだけど……．"

田中 "先輩は機械工学科卒だし，材料関係もやっているから，この種の射出成型は得意でしょう．"

木原 "これまでに射出量を変えてみたり，原料濃度を変えてみたりした経験があったから，あとはちょっとした確認実験をやれば十分だと思ったのさ．"

田中 "でも，うまくいかなかったんですね．"

木原 "俺は完ぺきな思考過程を踏んだつもりだったんだ！"

田中 "はいはい．ではお伺いしましょうか．"

木原 "いま一度説明すると，この部分の肉厚の確保がねらいなんだ．5 mm程度がねらいかな．"

田中 "それで，先輩はどんなふうにアプローチしたんですか？"

木原 "俺の過去の経験から言うと，単位時間の射出量（cm^3/s）と

肉厚の関係は非常にデリケートなんだ．ちょうどお前と圭子のようにな．"

田中"デッ，デリケートって．"

木原"今回の製品ではないが，過去からの経験だと，射出量を100 (cm^3/s) 程度にすると肉が厚くなるんだ．"

田中"そうすると，射出量の最適条件を見つければいいんですか？"

木原"いや，それだけじゃないんだ．射出量だけでなく，射出温度も重要だ．この射出はある程度熱してから行うから，温度管理も重要なんだ．これも過去からの経験だと，大体200℃ぐらいがよさそうだと考えられる．"

田中"そうですか．とすると，この問題は，肉厚を確保するために，射出量と射出温度を決定することですね．"

木原"まあ，そういうことだ．"

田中"先ほど先輩は，'うまくいかない'って言っていましたよね．どううまくいってないのですか？"

木原"うん，それがな，どうも合わないんだよ．事前の予想，中間の実験結果，そして最後の実験結果が．つまり，ええっと，その……，俺の技術的経験に基づく推測と，確認実験の結果が合わないんだよ．"

田中"混乱していますね．言っていることがよくわかりません．"

木原"混乱している？　そう，混乱しているんだ……．"

田中"状況だけでなく，先輩の思考過程も……．"

木原"そう冷たく言うなよ．ちょっと整理するために俺に説明させてくれ．今回のねらいは，成型時の肉厚が厚くなるように射出量と射出温度を決めることだ．言い換えると，成型時肉厚の射出量と射出温度による制御が問題なんだ．"

田中 "そうですね．問題はそうでした．"

木原 "俺には技術的知見があるけれど，それを定量的にしっかりつめた経験がない．だから今回は，射出量，射出温度が肉厚に与える影響を，ひとつずつ着実に調べていこうとした．"

田中 "地道に調べたんですね．"

木原 "そう．今回は，地道にひとつずつ調べるという戦略で，一番いい条件を捜すことにした．"

田中 "戦略ですか？"

木原 "そうだ．タイトルは'ひとつずつ地道に戦略'だ！"

田中 "なんだか，仰々しい名前ですね．"

木原 "これはな，射出量と射出温度について，ひとつずつ地道に，そして着実によい条件を探していくという戦略だ．これまでの俺はあてずっぽうにやってきたが，これからは一歩一歩確実に攻めようという戦略なんだ．"

田中 "なるほど．"

木原 "それで，まず，類似製品の経験だと射出量は 100 (cm^3/s) 程度がよさそうなので，この周りで肉厚がよくなる条件を探索した．具体的には 90 (cm^3/s)，100 (cm^3/s) のどちらがいいかを調べたら 100 (cm^3/s) がよいって結果だったんだ．"

田中 "そのときには射出温度はどうしていたんですか？"

木原 "温度は過去の俺の経験を信じて 200℃ に固定しておいた．そしてな，射出量は 100 (cm^3/s) がよいとわかったから，今度は射出温度についてよい条件を探したんだ．"

田中 "どうやってですか？"

木原 "射出量を先ほどよいと求めた 100 (cm^3/s) に固定して，温度を 180℃ にして実験を行った．そうすれば，最初に行った射出量が 100 (cm^3/s) で射出温度が 200℃ のときの結果と，今度行った射

出量が 100 (cm^3/s) で射出温度が 180°C の結果を比較できるから，温度についてよい条件を探せるだろ．実験をしたら，射出温度は 200°C がよいことがわかった．"

田中 "それで……．"

木原 "最初の比較で射出量は 100 (cm^3/s) がよいとわかり，次の比較で温度は 200°C がよいとわかったので，最終的に，射出量 100 (cm^3/s)，射出温度 200°C が最適だと選んだのさ．これで完ぺきなはずなのだが……．"

田中 "図 2 のように実験条件を変えたのですね．先輩はまず，実線で囲まれている○と☆の 2 点を実験して射出量は 100 がよいと判断した．そして次に，点線で囲まれている△と○を比較して，○がよいと判断したんですね．"

木原 "そう，そのとおりさ．最初に射出量，次に射出温度とひとつずつ地道に進め，地道に結論を出したんだ．"

田中 "地道ですね．"

木原 "これで結論が出たと確信したよ．よし，射出量は 100 (cm^3/s)，射出温度は 200°C が最適だ，この条件なら目標の肉厚 5 mm には

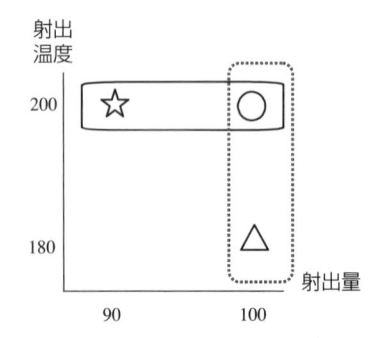

図 2 'ひとつずつ地道に戦略' での実験条件の選び方

ちょっと届かなかったけど，まあほぼ達成しているし，工場長に報告できると思ったんだ．ただそこで，いや待てよと思いとどまった．"

田中 "どうしてです？"

木原 "目標にちょっと届かないことが悔しかったのがひとつの理由だ．もうひとつの理由は実験の条件さ．つまり，今回の実験では，射出量が2通り，射出温度が2通りの組合せのうち，

　　　[90 (cm^3/s)，200°C]，
　　　[100 (cm^3/s)，200°C]，
　　　[100 (cm^3/s)，180°C]

についての実験をやっている．"

田中 "そうですね．"

木原 "射出量が2条件，射出温度が2条件だから，2×2で四つの組合せがある．そのうちの三つの組合せを実験したんだ．だから，[90 (cm^3/s)，180°C] についても調べてみることにした．"

田中 "それでどうなりました．"

木原 "おう，[90 (cm^3/s)，180°C] で実験をやったら，びっくりしてしまってな．"

田中 "何が起きたのですか？"

木原 "目標値5 mmを超えたんだよ！　最もよいと思われた射出量100 (cm^3/s)，射出温度200°Cの結果よりも，射出量90 (cm^3/s)，射出温度180°Cの結果の方がいいんだよ．肉が厚いんだ．"

田中 "それで混乱しているってことですね．"

木原 "そうだ．だってそうだろう．射出量は100 (cm^3/s) の方がいいんだ．射出温度は200°Cの方がいいんだ．だから，これらを組み合わせたのがいいだろうと思った．一歩一歩地道にやりなさいって教えを素直に行ったんだ．でもこうやって得た結論より，ち

ょっとやってみるかと思った条件の射出量 90 (cm^3/s),射出温度 180°C での結果の方がベターなんだから……."

田中"それで'合わない,合わない'って言っていたんですね."

木原"そうなんだ.地道にやって導いた結論と,最終的な実験結果が合わなくってなあ.だから,どの結果を信じていいものかわからなくてな.何がおかしいんだろうか……."

田中"こんなに前向きな先輩を初めてみましたよ."

木原"そう,だから悩んでいるのさ.工場長には,ひとつずつ地道に攻めていく戦略で導いた結論を信じて射出量 100 (cm^3/s),射出温度 200°C を報告すべきか,あるいは,最後にちょっとやってみたらうまくいった射出量 90 (cm^3/s),射出温度 180°C を報告すべきか……."

田中"……."

木原"……."

田中"今晩ビールをご馳走してくれます?"

木原"おっ? 何かひらめいたな? もし正解なら,ビールなんて会社ごと買い取ってやるぞ."

田中"今回の問題は**交互作用**のしわざですよ."

木原"交互作用?"

田中"**相互作用**,あるいは,**組合せ効果**とも言います."

木原"何だい,そりゃ?"

田中"セミナーで講師が交互作用をこんなふうにたとえていました.'ビールを飲んで,ウイスキーを飲む.異なる種類の酒を飲むと酔いが早く回る.ちゃんぽんすると余計に酔っ払う.この"余計に酔っ払う"っていうことが交互作用だ'って……."

木原"ちゃんぽんにすると余計酔っ払うってのは……,ビールだけあるいはウイスキーだけを飲んだときよりも余計に酔っ払うって

第9話　よいものどうしではだめなことも

　　　ことだよな．俺はいつもやっているぞ．本当か？"
田中 "本当かどうかは知りません．たとえ話ですから．でも，この
　　　たとえ話で言いたいことは，ビールを飲んだか飲まないかの条件
　　　によってウイスキーの効き具合が変わってくるということです．
　　　ビールを飲んだときには余計にウイスキーが効く."
木原 "なんとなくわかるような，わからないような……."
田中 "例えば，自動車のレースなんかだと，このボディー形状には
　　　このタイヤ，ボディー形状を変えたら違う種類のタイヤがよいな
　　　んてことがありますよね."
木原 "ああ，あるな．それ以外にも，原料の濃度を変えたら，射出
　　　量も変えたりとか……．つまり，組合せ効果ってことだな."
田中 "そうです．交互作用は組合せ効果のことです."
木原 "交互作用が何かはわかったが，今回の混乱の原因がなぜ交互
　　　作用なんだ？"
田中 "射出量と射出温度には交互作用があるんです."
木原 "射出量だけで見ると 100 (cm^3/s) がよくて，射出温度だけで
　　　見ると 200°C がよいのに，組み合わせた場合には 90 (cm^3/s)，
　　　180°C がいいということは交互作用か……？"
田中 "交互作用がないっていうのは，図3みたいに組合せ効果がな
　　　いってことです."
木原 "図3の場合には射出量が90でも100でも，温度を変えると強
　　　度が同じだけ上がっているな．これは交互作用がないんだな．だ
　　　から今回の実験結果とは違うんだよな."
田中 "そうです．今回のデータをプロットしてみませんか？"
木原 "ちょっと待ってくれ．作ってみるから……．図4だ."
田中 "まさに交互作用があることが確認できますね．射出量が90
　　　のときと100のときでは，射出温度の効果が違ってきています."

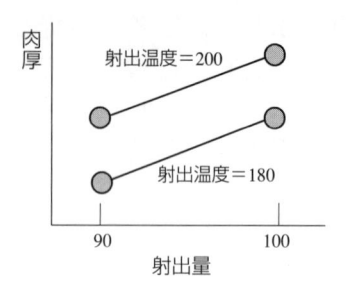

図3 交互作用がない場合の例

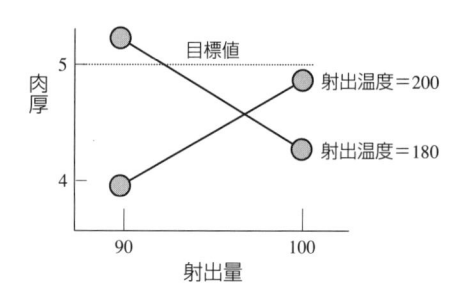

図4 今回の実験結果：交互作用がある場合の例

木原"俺が最初に比べたのは，[90 (cm^3/s)，200℃] と [100 (cm^3/s)，200℃] だ．それで，[100 (cm^3/s)，200℃] がよいという理由で100 (cm^3/s) を選んだ．次に，[100 (cm^3/s)，180℃] の実験を行ってこの結果と [100 (cm^3/s)，200℃] の結果と比べたら [100 (cm^3/s)，200℃] の結果の方がよかった．"

田中"そして，最後に [90 (cm^3/s)，180℃] の実験を追加してみたら，[100 (cm^3/s)，200℃] のときよりもよく，また目標値を超えていて，なぜなんだと混乱し始めたんですね．"

木原"そのとおりだよ．今回のケースは組合せ効果のしわざってこ

第9話　よいものどうしではだめなことも　　　151

とはわかった．ということは，'ひとつずつ地道に戦略'はだめ
なのか？　これは非常に確実な戦略だと思ったんだがなあ……．
設計問題は今後複雑化してくるし，そうなると，いろんな条件を
定めなければいけない．だから，ひとつずつ一番よい条件を見つ
ける方法が確実だと思ったのに……．今回は追加実験をやったか
らよかったが，もしやらないで，'ひとつずつ地道に戦略'だけ
で結論を導いたとしたら，まずいことになったろうな．"

田中 "そうです．実は，そこがポイントなんですよ．実験をやるとき
に，ひとつずつ調べていくのは交互作用がない場合には有効で
すよ．言い換えれば，交互作用がないと事前にわかっている場合
には，それぞれの条件を個別に調べ，最後にそれらの条件を組み
合わせればいいんです．"

木原 "でも，今回みたいに交互作用がある場合には，それぞれを個
別に調べていったんでは過ちを起こす危険性があるんだな．"

田中 "そのとおりです．だから交互作用があると思われるときには，
それを検討できるような実験をやらなければいけないんです．"

木原 "技術開発レポート等を見ると，それぞれ個別によい条件を出
して，最後にそれらを組み合わせているものが結構あるよな．例
えば，一番いい材料を最初に決めて，次に一番いい寸法を決めて
いる場合があるなあ．あれって'ひとつずつ地道に戦略'と同じ
だろ？　大丈夫か？"

田中 "どうなんでしょうね．結構やりたくなるアプローチですし，
わかりやすいですから，そんなやり方をする技術者もいるかもし
れませんね．でも，交互作用があると……．"

木原 "じゃあ交互作用がある場合には，すべての組合せを計画的に
実験しなければいけないのか．"

田中 "すべてをやる必要はないですが，ある程度の組合せを計画的

に実験しなければいけませんね．ビールとウイスキーをちゃんぽんにして飲んだときに交互作用があるかどうかは，ちゃんぽんにして飲んでみないとわからないですから．交互作用っていうのは，やってみないとわからないところがやっかいです．"

木原 "ということは，ものすごい数の組合せをやってみないといけないことになるじゃないか？ 今回は射出量と射出温度だからいいが，これに部品形状や原料濃度等，いろんなものを調べようとすると，ものすごい数の組合せになるよな．どうするんだ？"

田中 "そのために**実験計画法**（design of experiments）があるんですよ．実験を計画的に行い，交互作用等も調べるんです．"

木原 "実験計画法か．"

田中 "あともうひとつ，今回の実験で気がかりなのは誤差です．今回は誤差の影響をあまり議論しませんでしたが，現実には結果はばらつきます．誤差の影響も考えて実験を行う必要があります．このあたりも考慮して実験計画法は構成されています．"

木原 "そうか．じゃあ，実験的アプローチをするためには実験計画法を勉強しておかないといけないな．これからもいろいろ調べることが多くなるから……．"

田中 "そうですよ．これで，ビールをご馳走してもらえますか．"

木原 "おう！ 今日はまかせておけ．これからビールとウイスキーの交互作用を調べに行こうぜ．"

✿ポイント✿

(1) 交互作用とは複数の因子の組合せ効果である．
(2) よい条件を組み合わせても全体としてよくならないのは交互作用のしわざである．
(3) 交互作用を考慮した実験の計画が必要である．

難易度★

第10話 自由度はなぜ $n-1$ なの？（その1）

偏差の和はゼロ

　今日は土曜日で，会社はお休みです．しかし，木原さんは会社に来て勉強しています．机には統計的方法の本が開けられています．うーんとかああとか，ため息をつきながら，頭をかきむしってがんばっています．そこへ，休日なのに，田中さんがやって来ました．

田中 "先輩，おはようございます．休みなのに出社ですか？"
木原 "おう，おはよう，田中．お前も出社か．"
田中 "ええ．報告書を作成しようと思って．"
木原 "ちょうどいいところに来た．少し時間はあるか？"
田中 "時間は十分ありますよ．"
木原 "実は，最近，統計的方法の理解を深めようと勉強を始めたんだが，わからないことだらけで困っているんだ．特にわからんのが**自由度**だ．ありゃあ何だ？　簡単に説明してくれないか．"
田中 "自由度は，一言では言えませんが，あえて一言で言うと，**確率分布族**における**母数**です．**パラメータ**とも呼びます．"
木原 "確率分布族って，**確率分布**がたくさんあるのか？"
田中 "そうです．**正規分布**だって**母平均**と**母分散**の違うものがたくさんあります．こういうとき，母平均と母分散を母数と言うんです．t**分布**でも自由度の違うものがたくさんあります．母数っていうのはその族の中の個人を特定するためのものと考えてください．"
木原 "'鈴木圭子'の場合は，家族の名前が'鈴木'で，'圭子'が

母数にあたるわけだな．確率分布族という言葉のイメージがなんとなくつかめたよ．"

田中 "それはよかったです．でも，なぜ鈴木さんの名前が出てくるのですか？"

木原 "実は，昨日，たまたま圭子がとおりがかったんで，いまと同じ自由度についての質問をしたら，'私にはよくわからないので田中さんに聞いておきます'って言ってたんだ．'直接聞いたから，もういい'って言っておいてくれ．"

田中 "わかりました．伝えておきます．でも，鈴木さん，怒るだろうな．彼女のことだから，きっと，質問の準備万端ですよ．"

木原 "まずいな．うまく言っておいてくれ．"

田中 "はい．ところで，先輩が興味をもっている状況は，ひとつの**母集団**からn個のデータが得られるときで，しかも正規分布に従っている場合と考えてもよいですか？"

木原 "そうだな．正規分布が母平均μと母分散σ^2だけで決まることは，本にのっている**確率密度関数**の式から俺にもわかる．これらの**検定**や**区間推定**を行うときt分布や**カイ二乗分布**が登場してくるころから，頭の中に霞がかかったようになる．さらに，これらの自由度がいつでも$n-1$になるって言われたときにゃあ，'ハイハイそうですか'という開き直った気持ちになってしまうんだ．でも，どうも引っかかってな．"

田中 "データがn個なのになぜ$n-1$になるのか，って感じですか？"

木原 "そうそう．それから，二つの母集団の**母平均の差の検定**のとき自由度が$m+n-2$になる理由なんかも簡単にわかるなら知りたいんだが．"

田中 "二つの母集団の場合は，ひとつの母集団の場合が理解できた

ら簡単に理解できますから，心配はいりませんよ．"

木原 "そうか．でも，田中の'簡単'っていうのはちょっと怪しい気がするが……．"

田中 "ところで先輩，**平方和**の計算式はわかりますか？ **偏差平方和**とも呼ばれるあれです．"

木原 "ちょっと失礼だな．知っているよ．各データと平均との差をすべて2乗してから加えるんだよな．"

田中 "平方和はバラツキの尺度として使われる量です．データを $x_1, x_2, \cdots, x_n$ とすると，各データと平均 $\bar{x}$ との差 $x_i - \bar{x}$ を**偏差**って呼びます．この偏差は，データの値によって，プラスになったりマイナスになったりします．だから，2乗して加えます．"

木原 "2乗しないで，$x_i - \bar{x}$ の絶対値を加えてもよいと思うけどな．"

田中 "そういう量もあります．先輩の言った'絶対値の合計を n で割った量'を**平均偏差**と言います．ただ，これは性質があまりよくないそうで，テキストではほとんどふれられていません．"

木原 "簡単なものは使いにくいってことか？"

田中 "そうかもしれません．"

木原 "……．"

田中 "実は，偏差には'合計がゼロになる'という性質があります．"

木原 "偏差がプラスとマイナスの値を取り得ることはわかるんだが，本当に合計がピッタリゼロになるのか？"

田中 "データが $x_1, x_2, \cdots, x_n$ と n 個あるとします．$x_i - \bar{x}$ を n 個分加えるとき，x_i だけを全部加えると総計 T になりますよね．"

木原 "そうだな．"

田中 "じゃあ，$x_i - \bar{x}$ のあとの $\bar{x}$ だけを n 個分加えると？"

木原 "$n \times \bar{x}$ で同じ総計 T になる．あっ，なるほど！ それで，偏

差の合計はゼロになるんだな."

田中 "そうです."

木原 "ところで，これが自由度の話とどう関係があるんだ？"

田中 "データはn個分あるのに，自由に決められる偏差は$n-1$個しかないわけです."

木原 "合計がゼロになるから，最後の偏差は$n-1$番目までの偏差から決まってしまうのか．平方和は偏差の2乗の和だったから自由度が$n-1$という感じか."

田中 "はい．そもそもt分布っていうのは，母分散が未知のときに，それをデータから計算した**分散**Vで推定するところから出てくるわけです．分散Vはわかりますか？"

木原 "平方和を$n-1$で割ったものだろ."

田中 "そうです．平方和Sと分散Vの両方とも自由度$\phi=n-1$をもっていると考えて構いません．納得されました？"

木原 "うーん，納得できたような，できなかったような……."

田中 "完全に納得されたわけではないのに畳みかけるようで気が引けるんですが，二つの母集団の比較のときも，これまでのことからすぐに説明できます."

木原 "どういうことだい？"

田中 "二つの母集団があるとして，ひとつ目の母集団からm個のデータ$x_1, x_2, \cdots, x_m$を取り，二つ目の母集団からn個のデータ$y_1, y_2, \cdots, y_n$を取るとします."

木原 "大きさmと大きさnの標本だな."

田中 "へえー！　**標本の大きさ**という言葉をよく知ってますね."

木原 "まあな．言葉だけは覚えてた．でも，標本の数と言わずに，なぜ標本の大きさって言うのかの理由は忘れた."

田中 "データの数とは言います．英語でdataは複数形で，単数形は

第10話 自由度はなぜ$n-1$なの？（その1）

datumなんです．"

木原 "正確にはデイタムの数って言うべきなんだな．"

田中 "日本語では単数形も複数形も気にしないからデータの数でいいと思います．それから，標本は$(x_1, x_2, \cdots, x_m)$のようにひとかたまりの組として考えてください．だから，二つの母集団の比較は**二標本問題**とも言われています．また，それぞれの母集団を**群**とも呼びます．二つの母集団を2群と言うわけです．"

木原 "2群の場合は，ひとつ目の標本が$(x_1, x_2, \cdots, x_m)$で，二つ目の標本が$(y_1, y_2, \cdots, y_n)$と考えて，標本が二つと考えるわけだな．"

田中 "そうです．"

木原 "それで，自由度の話はどうなった？"

田中 "すみません．もうちょっとだけがまんしてください．2群の母平均の差の検定のとき，両方の群の母分散が異なると考えられる場合に**ウェルチの検定**を使うのは知ってますか？"

木原 "おう，やり方も知っているぞ．二つの群の母分散を別々にV_xとV_yで推定するんだろ．"

田中 "ひとつの群の場合には，分散Vを求めるとき平方和Sを自由度$\phi=n-1$で割りました．これをまねして，ひとつ目の群の分散は$V_x = \dfrac{S_x}{\phi_x} = \dfrac{S_x}{m-1}$，二つ目は$V_y = \dfrac{S_y}{\phi_y} = \dfrac{S_y}{n-1}$と計算します．"

木原 "群が二つになっても，個別に考えて平方和を自由度で割ることは変わらないんだろ．ところで，2群の母分散が等しい場合はt検定だったっけ？"

田中 "ええ．まず，平方和の合計と自由度の合計を計算します．両方の群から求めた平方和S_xとS_yを用いて，母分散の推定量Vを

$$V = \frac{S_x + S_y}{\phi_x + \phi_y} = \frac{S_x + S_y}{(m-1)+(n-1)}$$

と計算すればよいわけです．V は'自由度1あたりのバラツキ'と考えてください．"

木原 "もしかして，この分母の自由度の和 $\phi=\phi_x+\phi_y=m+n-2$ が t 分布の自由度になるってことか？"

田中 "そのとおりです．わかってきましたね！"

木原 "雰囲気だけな……．"

田中 "ついでに言うと，**1元配置分散分析**の自由度も同じ考え方なんです．"

木原 "どう考えるんだ？"

田中 "とりあえず，3群の場合を説明します．各群の平均値を $\bar{x}_{1\cdot}, \bar{x}_{2\cdot}, \bar{x}_{3\cdot}$ としましょう．"

木原 "ええっと，$\bar{x}_{1\cdot}$ ってのは，第1群の r 個のデータ $x_{11}, x_{12}, \cdots, x_{1r}$ の平均値で，$(x_{11}+x_{12}+\cdots+x_{1r})/r$ と計算すればいいんだな．"

田中 "そうです．ここで，**要因の平方和 S_A の定義式**は，**総平均**を $\bar{\bar{x}}$ と表して，

$$S_A = r\sum_{i=1}^{3}\left(\bar{x}_{i\cdot}-\bar{\bar{x}}\right)^2$$

です．$\bar{x}_{1\cdot}-\bar{\bar{x}}, \bar{x}_{2\cdot}-\bar{\bar{x}}, \bar{x}_{3\cdot}-\bar{\bar{x}}$ の三つを2乗した和です．これらを2乗しないでそのまま足すとゼロになりますから，この平方和の自由度は $\phi_A=3-1=2$ です．"

木原 "なるほど．じゃあ，**誤差平方和の自由度**はどうなんだ？"

田中 "各群のデータ数を r として，そもそも誤差平方和 S_E をどうやって計算したかを考えると，各群での平方和を計算して加えている形になっています．つまり，各群のデータごとに計算した平方和を S_1, S_2, S_3 とすると，

$$S_E = \sum_{i=1}^{3}\sum_{j=1}^{r}\left(x_{ij}-\bar{x}_{i\cdot}\right)^2 = \sum_{i=1}^{3}S_i = S_1+S_2+S_3$$

です."

木原 "2群の平均値の差の検定のときと同じように,平方和の和を考えるわけだな."

田中 "ええ.第i群の平方和S_iにおける自由度ϕ_iは(データ数)-1 $=r-1$ですから,これらを三つ加えて,

$$\phi_E = \phi_1 + \phi_2 + \phi_3 = (r-1)+(r-1)+(r-1) = 3r-3$$

と計算できます."

木原 "要するに,自由度は'(データ数)-1'ということがわかっていれば理解できるってことか?"

田中 "そうです."

木原 "**2元配置分散分析**のときも同じように考えればいいのか?"

田中 "はい.繰り返しのある2元配置法のときの誤差平方和を考えましょう.これは,a水準の要因Aとb水準の要因Bの二つの要因があるとして,これらを'ab水準のひとつの要因'と考えたときの1元配置法の誤差平方和に一致します."

木原 "**交互作用**のあるなしは?"

田中 "ああ,そうでした.この話は交互作用のあるときでした."

木原 "じゃあ,交互作用がないときはどうやって計算するんだ?"

田中 "**プーリング**という考え方を使えばできます."

木原 "プーリングって,平方和を足し算することだったっけ?"

田中 "まあ,そうですけど,プーリングを一言で言うと,むしろ**要因の合併**ですね."

木原 "嫌味な言い方だな.同じじゃないのか? 何が違うんだ?"

田中 "平方和だけでなく,自由度も足し算するところが格調高いんです."

木原 "もしかして,2群の母平均の差のときや,1元配置のときに,平方和だけじゃなくて自由度も足したことか.さらに,もしかし

て，あれもプーリング？"

田中 "そう思っていただいていいと思います．今日は鋭いですね．"

木原 "'今日は'は余計だ．まあ，ほめられてうれしいから許してやろう．ところで，交互作用がない場合の話はどうなった？"

田中 "要因として交互作用を考えないということは，データの構造式から言うと'交互作用を誤差にプーリングする'と考えるのと同じことになります．"

木原 "なるほど．それで，交互作用の平方和を誤差の平方和に加えたり，自由度どうしを足し算したらいいんだな．"

田中 "そんな感じで計算していけばいいです．"

木原 "実験計画法の手法でも，同じようにすればいいのか？"

田中 "基本的に自由度と平方和の計算は同じ考え方でできます．"

木原 "それじゃあ，1元配置分散分析をきちっと勉強すれば，**実験計画法**まで理解できるということだな．なんか勉強する元気が出てきたな．"

田中 "もう少しだけ自由度の裏話をしましょうか？"

木原 "なんか怖いなあ．田中が改まると……．"

田中 "本当のことを言うと，平方和を足したら自由度も和になるって話は，カイ二乗分布の**再生性**からきちんと説明できるんです．"

木原 "再生性って何だ？ 工場長みたいな中年でも，お前のように若くなるってことか？"

田中 "そんな意味じゃありませんよ．単に，二つの確率変数 x と y があって，同じ分布族，例えば正規分布に従っているとしましょう．このとき，これらの和 $w=x+y$ が同じ分布族，すなわち正規分布に従うってことです．"

木原 "結構美しい話だな．どんな分布族でも再生性は成り立つのか？"

田中"そうとは限りません．例えば，**2項分布**には再生性があるといえばあるし，ないといえば……．"

木原"どっちなんだ？"

田中"二つの母集団の比率が同じときには再生性は成り立ちますけど，比率が違ったら成り立たないという言い方が多少は正確な表現です．"

木原"田中！ 比率が違うときにはふつうは合計なんぞせんよ．"

田中"そうですね．さすが実学重視の先輩．確かに，コインの表裏の回数とサイコロの1の目が出る回数を足す人はいませんよね．それから，母欠点数の確率分布である**ポアソン分布**でも再生性が成り立ちます．"

木原"それなら，不良項目が異なる不良件数の合計を計算してもいいんだな？"

田中"はい．このことを使って c **管理図**が作られています．"

木原"さっき，今日の話はカイ二乗分布の再生性がわかればって言っていた気がするが……．"

田中"そうでした．また話がそれちゃいましたね．二つの確率変数がカイ二乗分布に従っているとして，これらの和の分布が再びカイ二乗分布になるってことです．"

木原"簡単な話に思うけどなあ……．"

田中"実は，ちょっと違うんです．再生性の話には隠し味があって……．"

木原"来た，来た，来た．田中の気分がのってきたら，こっちはだんだん気が重くなってくるよ．"

田中"足し合わせる前の二つの確率変数は互いに**独立**でなければならないんです．"

木原"独立って，要するに，二つの確率変数が無関係ってことじゃ

あないのか?"

田中 "そうなんですけど,きちんと話すのはなかなか大変で……."

木原 "別に俺はきちんと話してくれなくても構わんが……. お前が独立って言い出してから,急に頭がゴチャゴチャしてきたな."

田中 "独立性の話さえちゃんと聞いてもらえれば,自由度の和が説明できるんですけど."

木原 "田中! ストップ! 俺はもう限界だ. 今日はこの辺で止めにしないか. 頭,くたくた."

田中 "わかりました. また,質問がありましたら,いつでもお聞きください. 鈴木さんには先ほどの件を伝えておきます."

木原 "よろしく頼む."

(第13話に続く…….)

✪ポイント✪

(1) 自由度はパラメータ(母数)である.
(2) 平方和を加えたら自由度も加える(プーリング).
(3) 自由度の話はカイ二乗分布の再生性と関連する.

難易度★★

第11話 よみがえる管理図

標準値を用いた管理図

　朝のピリッとした空気の中で田中さんはてきぱきと仕事をこなしています．そのとき品質保証課の電話が突然鳴りました．電話の主は生産技術課の木原さんです．木原さんは工程の管理方法について悩んでいます．

木原 "田中はいるか！"
田中 "はい．あっ，先輩，どうしました．"
木原 "相変わらずヒマそうだなあ．"
田中 "いきなりヒマはないでしょう？　毎年恒例の社内の初級品質管理教育の準備で，いま，結構忙しいんですよ．"
木原 "教育の準備にたっぷり時間をかけられる連中はヒマってことだ．こっちは毎日戦場だよ．"
田中 "相変わらずですね．それで今日はどんなご用件ですか？"
木原 "そうそう，嫌味を言ってる場合じゃない．田中に頼みがあって，電話をしているんだ．"
田中 "何でしょうか．現場あっての品質保証課ですから，なんなりと言ってください．"
木原 "いい心がけだ．実は，いま，熱処理工場の**FA**化を進めているんだ．そこでの**工程管理**をどうすべきか，一緒に取り組んでほしいという頼みなんだ．"
田中 "FAっていうのはFactory Automationですよね．FAはよくわかりませんが，工程管理は初級品質管理の目玉です．その現場を

知るよい機会ですから，ぜひ一緒にやらせてください．明日にでもそちらへお伺いします．"

＊　　＊　　＊

翌日……

田中 "先輩，おはようございます．昨日のお話の件でやって来ました．"

木原 "やあ，田中，忙しいところ，すまんな．"

田中 "そんなに素直に言われると不気味ですね．"

木原 "怖がるなよ．"

田中 "早速ですが，お話を聞かせてください．"

木原 "まずFA化について簡単に説明すると，物流，生産管理情報，加工条件，品質管理情報等をオンラインで一元管理した自働工場にすることなんだ．工場整備計画の一環で工場に分散していた熱処理工程を統合するこの機会に，合理化や職場環境対策を進めるためにはFA化がキーになる．"

田中 "なるほど．**自働化**の'自働'は'にんべん'の自働なんですよね．にんべんの付いた自働化とは，'異常があったら止まる'ことでしたね．"

木原 "その自働でいま困っているのが工程管理なんだ．"

田中 "電話でお話の工程管理ですね．"

木原 "熱処理の品質特性のメインは表面硬度だから，この表面硬度を**管理特性**とした**管理図**で工程の**管理状態**を判断しようとしたんだ．"

田中 "正論ですね．僕たちは初級品質管理でそう教育しています．"

木原 "ところが現場から'表面硬度は管理図では管理できない．熱処理では25年も前から管理図を使っていない．使わないのではなく，使えない！'と言われてしまった．そこで，'初級品質管

理'ではなく'上級品質管理'で何とかならないかっていうのが相談なんだ."

田中"管理図を使わずに,いままではどうしていたのですか?"

木原"いままでの管理手法は**調査図**としていた.調査図の**サンプリング**は**群**で4個となっている."

田中"調査図は**管理限界線**ではなく,**規格線**の入ったものに生データをプロットする**推移グラフ**ですよね.一応管理手法のひとつですが,メインの品質特性の管理手法としては不適切ですよ.やはり管理図にすべきです."

木原"そこで,田中,'上級の管理図'か何かを考えてくれ."

田中"初級・上級という問題ではなく,まず,現状の調査図を貸してください.それを見て検討してみます."

* * *

その日の夕方……

田中"先輩,調査図のデータを管理図に書き直してみました.図1を見てください.管理限界外の**異常**が発生しています.調査図ですとこのような異常をぼんやり見逃してしまいます.やはりFA化に合わせて管理図を導入すべきです."

木原"異常だって? 田中,そりゃ〜おかしいぞ! このところ,工程はず〜と安定している.いわゆる管理状態のはずだ.疑って悪いが,管理限界の計算は間違っていないか.お前のことだからそんなことはないと思うが,本当に大丈夫か?"

田中"それはあんまりですよ.何回か計算し直しましたから,大丈夫ですよ.R管理図は管理状態ですが,$\bar{x}$管理図では管理限界外に5点も飛び出しています.それも,表面硬度が高い側にも低い側にも飛び出しています.つまり**群内**のバラツキは管理状態ですが,群の平均が暴れています.異常の発生を見逃してしまった

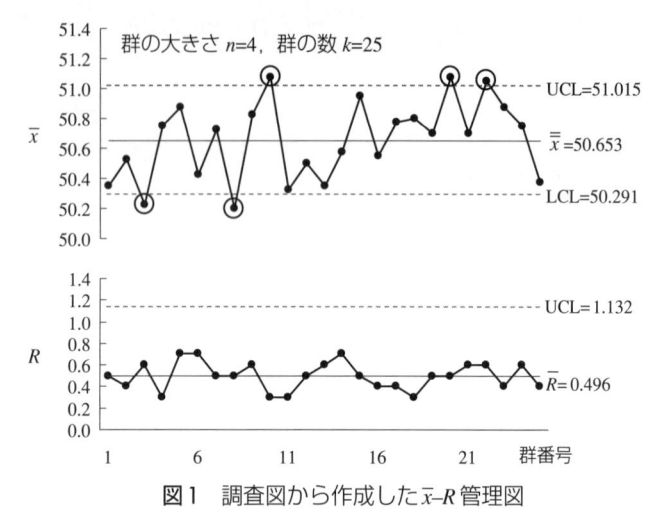

図1 調査図から作成した $\bar{x}$–R 管理図

'ノー管理'の状態です．ですから調査図では駄目なんですよ．"

木原 "……？"

田中 "管理限界を外れた群は，**偶然原因**だけではなく，突き止められる原因があるはずです．それを突き止めるのが技術者としての先輩の腕の見せどころですよ．わからないなんていうのは，技術がないってことですよ．"

木原 "田中，きついな．でも，そのとおりだな．何か原因があるはずだ．調べてみるよ．少し時間をくれ．明日の朝こちらへもう一度寄ってくれ．"

* * *

翌日……

田中 "お早うございます．どうでした？　何か出てきましたか？"

木原 "出た，出た！　原因を突き止めたよ．"

田中 "さすが，先輩．"

第11話 よみがえる管理図

木原 "いや～,わかってしまえば,簡単なことだ.原因は材料の成分の変動だ.材料の受入れ検査記録の炭素（C%）と$\bar{x}$のプロットがよく一致している.これは鉄鋼の熱処理としては極めて当然な技術的知見だ.工程の4要素は材料（Material）,設備（Machine）,方法（Method）,作業者（Man）の**4M**だろう.稼働記録を調べてみたが材料以外の異常は見られなかった.そこで,材料の受入れ検査記録を取り寄せてみると原因がわかったんだ."

田中 "では,材料に異常があったわけですね.早速,材料メーカーに処置を依頼しましょう."

木原 "ところが,材料の検査**規格**に対してはいつも十分合格したレベルで,今回のデータのレベルも通常レベルと言えるんだ."

田中 "そうすると,材料の規格をもっと厳しくしなければならないということですか？"

木原 "材料規格は市場の一般材の規格で,これを厳しくすると特殊材となってコストが一挙に上がってしまう.そこでわれわれは一般の材料でも材料以外の3Mを安定させ,表面硬度の規格を十分満足させるように**工程能力**を作りこんでいるんだ.これが我々の生産技術だ."

田中 "工程能力って,例の工程の品質の能力ですね."

木原 "過去の多数のデータに基づいてヒストグラムを作成し,**工程能力指数**を計算すると,図2のように$C_p>1.33$となって工程能力は十分なんだ."

田中 "なるほど."

木原 "つまり,'①QC工程表どおりで全く異常はない.②材料に許容されている通常のバラツキにより理屈どおり表面硬度がばらつく.③その工程能力は規格を十分満足し,われわれ生産技術が作りこんだとおり維持されている.'ということなんだ.技術的

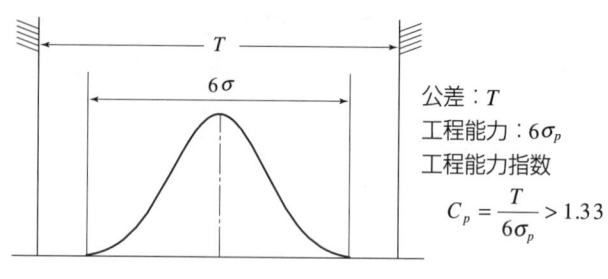

公差：T
工程能力：$6\sigma_p$
工程能力指数
$$C_p = \frac{T}{6\sigma_p} > 1.33$$

図2 調査図の工程能力

には管理状態で安定しているが,統計的には異常って,田中,これは一体どういうことだ？"

田中"先輩,初級品質管理を思い出してください.$\bar{x}$管理図の管理限界は$\bar{\bar{x}} \pm A_2\bar{R}$ですから,管理限界の幅は群内のバラツキ$\bar{R}$から計算されます.ですから,今回のような材料のバラツキは考慮されません.というよりも,その材料のバラツキによる**群間**の変動を検出するのが$\bar{x}$管理図です."

木原"冷たいな,俺に免じてなんとかならないか？ そのA_2の部分をなんとかさじ加減できないか？"

田中"われわれの管理図は**シューハート管理図**ですから,管理限界の計算は**3シグマ法**です.A_2は群内のバラツキ$\bar{R}$から$\bar{x}$の母標準偏差の3倍の値を求めるための管理図の係数で,群の大きさnにより決まります.勝手にさじ加減なんてことはできません."

木原"そうか,わかった.だから熱処理工程には管理図は使えないんだ.これで現場から管理図がどんどん消えていく謎が解けた.よく現場が言う'管理図はオオカミ少年.異常がないのに異常！異常！と騒ぐ'とはこのことなんだな."

田中"ええっ！ そんなふうに言われているんですか？"

木原"そうだ.田中,お前はオオカミ少年の回し者だ.それが嫌な

第11話 よみがえる管理図

らなんとかしろ．そうだ，お前はわが社の品質管理の専門家だ．'シューハート管理図'でなく'タナカ管理図'を編み出せ．"

田中 "また，無理難題を．まあ，一度検討してみますが……．今日はひとまず失礼します．"

＊　　　＊　　　＊

3日後……

田中 "先輩，図3を見てください．どうです，もう管理図はオオカミ少年ではないでしょう．この前のデータでも異常は検出されていません．"

木原 "あっ，ほんとだ．俺が言ったようにA_2にさじ加減したな．"

田中 "違いますよ．"

木原 "では，どうごまかしたのか白状しろ．"

田中 "わかりました．少し長くなりますが，詳しく説明します．"

木原 "しっかり頼む．"

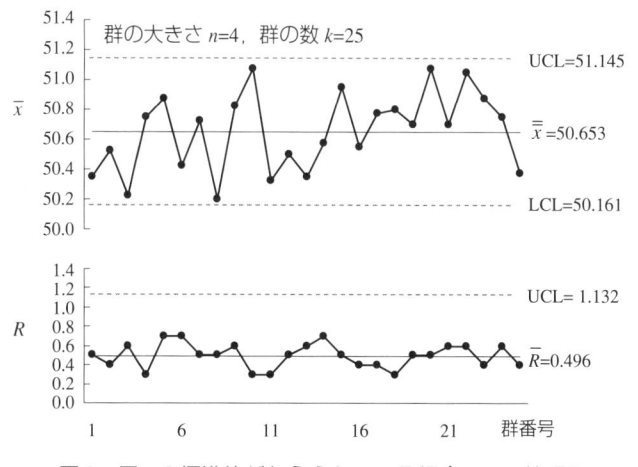

図3 図1の標準値が与えられている場合の$\bar{x}$–R管理図

田中 "管理図のJISは改正されてJIS Z 9021:1998 'シューハート管理図' となりました．それまでは，JIS Z 9021:1954 '管理図法' でした．国際規格のJIS化の一環で，品質管理関係のJISの国際整合化の先鋒として改正されたようです．"

木原 "国際規格って，ISOのことか？"

田中 "はい，そうです．旧JISも，もちろん，シューハート管理図ですからわれわれの初級品質管理の管理図となんら基本は変わっていませんが，管理図の種類が 'a) "標準値が与えられていない場合" の管理図' と 'b) "標準値が与えられている場合" の管理図' となっています．新JISの '参考' によれば，'a) "標準値が与えられていない場合" の管理図が解析用管理図に対応'，'b) "標準値が与えられている場合" の管理図が管理用管理図に対応' となっていますから，図3は '標準値の与えられている場合の管理図' に当たります．"

木原 "'標準値' ってなんだ？"

田中 "標準値に関して新JISに次の記述があります．'㋑標準値が与えられている管理図と与えられていない管理図の違いは，分布の中心の位置と工程変動に関する付加的な要求にある．'，'㋺標準とされる値は，サービスに対する要求や生産コストを考慮した経済的な値を基にすることもあるし，又は製品規格によって設定される公称値であることもある．'，'㋩標準とされる値は，……管理図から得た経験を基にすることもある．'，'㋥むしろ，標準とされる値は，将来のすべてのデータと同一の母集団であることが仮定できる予備データ調査を通じて決定することが望ましい．'，'㋭標準値は，管理図を有効に機能させるために内在する工程変動と矛盾しないことが望ましい．'"

木原 "なんだか，ピンとこないな．"

田中 "さすがに国際規格として一般性を高めるためか,大変抽象化された表現です.われわれの今回の問題に当てはめれば,作り込んだ工程能力を標準値として与え,'標準値の与えられている場合の管理図'にて工程能力を維持する使い方は管理図を有効に機能させる,と解釈できます."

木原 "それで?"

田中 "そこで,早速,'標準値の与えられた場合'の $\bar{x}$ 管理図の管理限界をJISのとおり,次の式で計算して作り直したのが図3の管理図です.

　　標準値が与えられている場合の管理限界の公式:$x_0 \pm A\sigma_0$

この式において,x_0 と σ_0 が標準値で,A は群の大きさ n によって決まる管理図の係数です.この係数は既存の管理図の**係数表**に掲載されています.われわれの事例では,標準値を図1から $x_0 = \bar{\bar{x}}$,図2から $\sigma_0 = \sigma_p$ と与えました.このように新JISに適合した $\bar{x}$-R 管理図が図3です.以上です.どうですか."

木原 "田中,よくわかった.お前が理屈をこね回したのではと心配だったが,JISなら間違いない.これで行こう."

田中 "そのJISなんですが,旧JISでは'標準値'の記述が見当たりません.シューハート博士が,いまさら変節したわけではないし……?"

木原 "標準値? ちょっと待てよ.確か…….これこれ! これを見ろ.ここに'標準値による管理図用公式'が書かれている."

田中 "なんですか,その古〜い本は?"

木原 "これは,俺がかつてQCを勉強したときに職場の先輩から譲り受けて使った数値表だ.表紙に1960と書いてあるが,これは1974年版,初版はちょうど旧JISが制定された1954年だ.同じシューハート管理図だから当たり前だが,ここに全く同じ式が書

かれている．ところで，ここにはR管理図の公式も標準値を与えているが，お前の図3もこれと同じなのか？"

> 標準値が与えられている場合のR管理図の管理限界の公式：
>   UCL=$D_2\sigma_0$，LCL=$D_1\sigma_0$
>   (D_2, D_1は管理図の係数，σ_0は標準値)

田中 "いいえ，図3のR管理図の管理限界は図1と変えていません．$\bar{x}$管理図と同様に標準値$\sigma_0=\sigma_p$とすると，群内変動を管理するR管理図に群間変動を含むσ_pを使うことになってまずいからです．ですから群内変動の$\bar{R}$を用いて図1と同様にUCL = $D_4\bar{R}$で計算しています．もともとR管理図は管理状態ですから．"

木原 "なるほど．$\bar{x}$管理図は'標準値が与えられている場合'でR管理図は'標準値が与えられていない場合'か．見事だなあ．これはもうシューハートを超えた'タナカ管理図'だ．"

田中 "おほめいただきありがとうございます．当たり前のことですが，何を管理したいか，その管理のねらいと対象に合わせた管理図の活用が大切だと気付きました．職人が仕事に合わせて道具を工夫します．統計的手法も基本を踏まえた応用が手法を有効に機能させるのですね．このやり方で現場に展開してみてください．"

*　　*　　*

1週間後……

田中 "先輩，どうでしょうか，その後の管理図の展開は？"

木原 "やあ～，'タナカ管理図'の評判はすごいぞ．熱処理の現場にはもう展開済みだ．"

田中 "本当に現場が管理図を受け入れてくれたのですか？"

木原 "熱処理の主と言われている現場の班長に意見を聞いたんだ．最初，'管理図'って言った途端に'またか？'って顔をしたが，

例の'タナカ管理図'を見せたんだ．そうしたら，意外に，早速使ってみようということになった．現場としても'調査図は管理ではない！　何とかしたい'と思っていたようだ．だから，'使える道具なら喜んで'となった．"

田中 "そうですよね．'オオカミ少年'だから使えなかったのですよね．"

木原 "そのとおりだ．熱処理だけでなく，他のラインも見直してみて驚いたが，いまや現場から管理図が消滅してしまっている．ひどいラインでは，管理図コーナーに貼ってあるのはすべて調査図なんてのもあった．管理図を使わない理由を聞いてみると七つほどあったが，最大の使わない理由はやはり'オオカミ少年'だ．"

田中 "では，今回の取組みを全社的に展開すれば現場から消滅していた管理図がよみがえりますね．"

木原 "そうだよ．'よみがえる管理図'だ．頼むぞ'タナカ'．"

> ✪ ポイント ✪
>
> (1) メインの特性の管理手法は管理図が基本である．
> (2) 管理用管理図は標準値を用いた管理図である．
> (3) 管理図は管理のねらいと対象に合わせて応用する．

難易度★★

第12話 全部をやらずに手抜きをしよう
直交表実験

　新規のプロジェクトとして，木原さんはステアリングケースの設計をまかされました．この設計は，材質や形状等様々な条件を決定する必要があり，技術者の腕の見せどころです．しかし，どのようにして要因やその条件を選択したらいいのか，木原さんは悩んでいるようです．

木原 "今回のステアリングケースの設計はやっかいだなあ．ステアリングケースの基本機能は保護だから，特定箇所の強度が一定レベルになるようにする必要があるんだ．さて，この強度レベルを確保するには……．いろんな**要因**の候補があるなあ．それはそれで面倒だな．まず材料か……．従来のファイバーでやるのも一案だし，最近他の車種で成功したものでもいいな．うぅ，新しいものを試してみたい．新規技術を試すのは，技術者としての醍醐味だぜ．それから形状関連でも，先の方の形状を変えてみたいしなあ．さらに中空構造を採用したいし……．でも効果があるかな．また，足回りスペース確保のためにちょっと細身で絞りを入れたいよなあ．あとは下部寸法も．ああ，悩ましい，悩ましい．いろいろと変えられるってのは，設計技術者として腕の見せどころでもあるけれど，その反面，いろいろできすぎて面倒だなあ．"
田中 "どうしたんですか？　何をブツブツ言っているのですか？"
木原 "ああ，田中か．悩んでいるんだ．"
田中 "何をです？"

第12話　全部をやらずに手抜きをしよう

木原 "いま悩んでいるのは，言うならば，多くの女性から求愛されて，どの女性を選んだらいいかだ．モテる男のみがわかる心境なのさ．"

田中 "いつもながら，わかりにくい比喩ですね．"

木原 "要するに，一番相性がいい女性をどう選んだらよいのかを調べるような問題に悩んでいるんだよ．"

田中 "……？"

木原 "悩みの種はステアリングケースの設計なんだ．"

田中 "先輩の腕の見せどころですね．"

木原 "そうなんだが，あまりにも要因の候補が多すぎてなあ……．どれを選んだらよいのかがわからないんだよ．それでパートナー選びにたとえたんだ．"

田中 "といいますと？"

木原 "まず，ステアリングケースの材料だ．従来のファイバーでやってみてもいいんだが，最近他車で採用して成功した新ファイバーも試してみたい．"

田中 "だったら，試作して比較すればいいじゃないですか？"

木原 "形状も考えなければならないんだ．先端形状を丸めた形にするか，平たくするか……．"

田中 "それも試作して比較すればいいじゃないですか？"

木原 "さらに構造．中空構造を採用するかどうか……．"

田中 "あっ，わかりました，先輩はそれで悩んでいたんですね．たくさんの要因の候補がありすぎて困るって……．"

木原 "そのとおりだ．助けてくれ！"

田中 "恋愛問題なら'ピンと来ました'で判断してもいいけれど，これは仕事ですしね．"

木原 "そうだよ．さしあたり決定すべきは

材　　質： 従来ファイバー or 新ファイバー
　先端形状：　　　　　　　　球 or 平面
　中空構造：　　　　　　　　採用 or 非採用
　下部絞り：　　　　　　　　あり or なし
　中央部太さ：　　　　　　　従来 or 太い
　テーパー曲率：　　　　　　100 or 120
　……

と，ざっとあげただけでこんなにあるんだ．こんなにたくさんの可能性の中から，よい条件をどうやって探すのかが問題なんだ．"

田中 "そうですよね．これで試作しようとしても大変ですね．最初の五つだけを考えたとしても，その組合せは2×2×2×2×2=32通りですものね．"

木原 "表1のようになるよな．32回も実験をやらないといけないんだろうか？ それに，要因はこの五つだけじゃないんだ．テーパー曲率やら何やらで，もっといろいろと考えなきゃいかんこともあるんだ．だから，2×2×2×2×2×2×……となって膨大な組合せ数になってしまう．"

田中 "実験を効率的に組まなければいけないですね．"

木原 "助けてくれよ．"

田中 "先輩のような悩みは，実は，非常に共通性の高いものなんです．特に設計段階での要因の絞り込みには……．"

木原 "そうだろう，そうだろう．設計段階の場合には自分で決定すべきパラメータがいっぱいあるんだ．要因の候補がたくさんある中で，どうやってよい要因の条件を探すかがポイントなんだ．"

田中 "そんなときのために，**直交表**というツールが**実験計画法**の分野では用意されているんです．"

木原 "実験計画法って，データを効率的に収集して，それを統計的

第12話　全部をやらずに手抜きをしよう

表1　要因のすべての組合せ

	材質	先端形状	中空構造	下部絞り	中央部太さ
1	従来ファイバー	球	採用	あり	従来
2	従来ファイバー	球	採用	あり	太い
3	従来ファイバー	球	採用	なし	従来
4	従来ファイバー	球	採用	なし	太い
5	従来ファイバー	球	非採用	あり	従来
6	従来ファイバー	球	非採用	あり	太い
7	従来ファイバー	球	非採用	なし	従来
8	従来ファイバー	球	非採用	なし	太い
9	従来ファイバー	平面	採用	あり	従来
10	従来ファイバー	平面	採用	あり	太い
11	従来ファイバー	平面	採用	なし	従来
12	従来ファイバー	平面	採用	なし	太い
13	従来ファイバー	平面	非採用	あり	従来
14	従来ファイバー	平面	非採用	あり	太い
15	従来ファイバー	平面	非採用	なし	従来
16	従来ファイバー	平面	非採用	なし	太い
17	新ファイバー	球	採用	あり	従来
18	新ファイバー	球	採用	あり	太い
19	新ファイバー	球	採用	なし	従来
20	新ファイバー	球	採用	なし	太い
21	新ファイバー	球	非採用	あり	従来
22	新ファイバー	球	非採用	あり	太い
23	新ファイバー	球	非採用	なし	従来
24	新ファイバー	球	非採用	なし	太い
25	新ファイバー	平面	採用	あり	従来
26	新ファイバー	平面	採用	あり	太い
27	新ファイバー	平面	採用	なし	従来
28	新ファイバー	平面	採用	なし	太い
29	新ファイバー	平面	非採用	あり	従来
30	新ファイバー	平面	非採用	あり	太い
31	新ファイバー	平面	非採用	なし	従来
32	新ファイバー	平面	非採用	なし	太い

手法で解析するというあれか？"

田中 "はい．直交表はその中のひとつの手法です．"

木原 "直交表？"

田中 "**直交配列表**とも言います．これを使うと，**実験回数**を効率的に減らすことができます．"

木原 "面白そうな話だな．ちょっと説明してくれるか？"

田中 "例えば，L_8直交表と呼ばれるのは，表2のように1と2が並んだ表です．"

木原 "ほほう．"

表2 L_8直交表

No.	[1]	[2]	[3]	[4]	[5]	[6]	[7]
1	1	1	1	1	1	1	1
2	1	1	1	2	2	2	2
3	1	2	2	1	1	2	2
4	1	2	2	2	2	1	1
5	2	1	2	1	2	1	2
6	2	1	2	2	1	2	1
7	2	2	1	1	2	2	1
8	2	2	1	2	1	1	2

田中 "これを使って表3のように要因条件の組合せを選ぶんです．"

木原 "これからどうやって実験する条件を決めるんだ？"

田中 "例えば，No.1の実験の場合，その実験条件は，従来ファイバー，球，中空構造採用，下部絞りあり，中央部太さは従来どおりということになります．"

木原 "ということは，表3に書いてある条件でNo.1～No.8までの8回の実験をやることになるんだな．とすると，全部で32回の実験が……．おっすげえ！ 8回の組合せで終わるのか．"

表3 実験条件

	[1] 材質	[2] 先端形状	[3] 中空構造	[4] 下部絞り	[5] 中央部太さ	[6]	[7]
1	従来ファイバー	球	採用	あり	従来	1	1
2	従来ファイバー	球	採用	なし	太い	2	2
3	従来ファイバー	平面	非採用	あり	従来	2	2
4	従来ファイバー	平面	非採用	なし	太い	1	1
5	新ファイバー	球	非採用	あり	太い	1	2
6	新ファイバー	球	非採用	なし	従来	2	1
7	新ファイバー	平面	採用	あり	太い	2	1
8	新ファイバー	平面	採用	なし	従来	1	2

田中"そうです．直交表を使って組合せを選んでいくのです．そうすると実験回数が減ります．"

木原"実験回数が減ることはわかったが，それでいいのか？　だって，本来は32通りの組合せがあるのに，その一部分の8回しか実験しないわけだろ．"

田中"こうやって実験をやることの妥当性はいろんな立場から説明できます．その中のよさのひとつがバランスです．例えば，材質の効果を考えることにしましょう．この場合，従来のファイバーで4回，新しいファイバーでも4回の実験をやりますね．"

木原"そうだな．直交表とやらを使った実験だと，実験番号のNo.1からNo.4が従来のファイバー，No.5からNo.8が新しいファイバーだからな．"

田中"これらの従来のファイバーでの4回のデータと新ファイバーの4回のデータを比較すれば，従来ファイバーと新ファイバーの違いがわかるわけです．"

木原"そうなんだろうけれど……？"

田中"……．"

木原"なんかしっくりこないよな……．そうか！　しっくりこないのは，他の条件の影響だ．今回の実験の場合，例えば先端形状も'球'と'平面'の2通りを選んでいるだろ．だから，従来のファイバーでの4回のデータと新ファイバーでの4回のデータを比較するとしても，先端形状の影響が入ってきてしまうんじゃないのか？　先端形状だけでなく，中空構造，下部絞り，中部太さの影響もあるんじゃないか？　だから，従来のファイバー4回のデータと新ファイバー4回のデータを比較しても，一概にファイバーの影響だとは言い切れないんじゃないか？"

田中"先輩，鋭いですね．実はそこがみそなんです．直交表ではここをうまくバランスさせているんです．従来のファイバーでの4回のデータと新ファイバーでの4回のデータとの比較を考えます．従来のファイバーの4回を見ます．この4回のうち，先端形状が球のものは何回ですか？"

木原"ええっと，No.1とNo.2の2回だな．"

田中"ええ．では，従来のファイバー4回のうち，先端形状が平面のものは何回ですか？"

木原"No.3とNo.4で，これも2回．だから従来のファイバー4回のうち，先端形状が球のものが2回，平面のものが2回だな．"

田中"そうです．では新規ファイバーの4回を見ましょう．先端形状が球のものと平面のものは，それぞれ何回ずつですか？"

木原"従来ファイバーと同じように，先端形状が球のものが2回，平面のものが2回だな．"

田中"つまり従来ファイバーのときにも，新ファイバーのときにも，球が2回で平面が2回です．つまり，従来のファイバーの4回のデータと新ファイバーの4回のデータには，先端形状の違いによる影響が平等にバランスした形で含まれています．"

木原 "そうか，先端形状の影響が平等に含まれているから単純に比較してもいいのか．"

田中 "はい．いまは先端形状の影響を説明しましたけれど，中空構造や，下部絞り，中部太さの影響も平等に含まれているんです．"

木原 "おお，なんかすごい．じゃあ今度は，先端形状の効果について考えてみると，先端形状について球で4回，平面で4回の実験を行っているな．"

田中 "そしてさっきと同様に，先端形状が球で行った4回の実験のうち，中空構造を採用したのが2回，非採用が2回になっています．一方，先端形状が平面の場合についても，中空構造を採用したものが2回，非採用が2回になっています．つまり，先端形状の比較に，中空構造の影響が平等に含まれています．このように影響を見ていくと，すべての要因の影響がバランスして含まれているんです．"

木原 "うまい性質があるもんだな．"

田中 "このバランスのよさは，'任意の2列が**直交する**'というところから来ています．表2では，任意の2列を選んだ場合に必ず直交します．それで，直交表と呼ばれています．"

木原 "直交？ 線形代数で習った**直交**と同じ意味か？"

田中 "そうです．表の中の数値が1, 2になっているのを −1, 1に対応付けて考えると，二つの列ベクトルの**内積**がゼロになることから直交という言葉と対応することがわかります．"

木原 "線形代数は苦手だからこの辺にしておこう……．ところで，**交互作用**ってのがあっただろう？ 複数を組み合わせたときに現れてくる効果だ？ その影響はどうなるんだ？"

田中 "これまでの説明は交互作用を考えない場合についてのものです．先輩の言うとおり，実際の問題では交互作用があります．交

互作用も考慮しつつ,さらに表中の [1], [2] 等に実験で取り上げる要因のどれを割りふるかが,まさに,実験計画法なんです.このあたりのやり方は実験計画法のテキストに書かれていますから,そこをしっかりと勉強してください."

木原 "おお,わかった.ぜひ勉強してみるよ.設計で寸法等たくさんの条件を決定しなければならないとき,全部を組み合わせるのではなく,部分的に実験をするのか.これは面白い考え方だ."

田中 "はい.直交表に示された実験条件に従って実験を行います.そして,実験対象について**特性**を決め,その特性値のデータに基づいて**分散分析**や**推定**等を行うのです."

木原 "データ解析のやり方も決まっているんだな."

田中 "はい.もちろん,データ解析の方法も整備されています."

木原 "わかった.ちなみに,田中はこんないい方法を知っていて,パートナー選びに応用しているのか? どんな人だったら相性がいいかとか?"

田中 "恋愛は論理で決める割合よりも直感で決める割合が圧倒的に大きいでしょ! ピピっとくるかどうかですよ."

✿ポイント✿

(1) 直交表を用いて多数の要因から重要なものを選ぶ.
(2) 直交表を用いて実験回数を効率的に減らす.
(3) 交互作用を考え,直交表を用いて実験計画を行う.

難易度★★

第13話　自由度はなぜ $n-1$ なの？（その2）
カイ二乗分布と独立性

　第10話から1週間がたった土曜日です．今日も，木原さんと田中さんは出社しています．圭子さんも会社に来ています．土曜日に，この3人は統計的方法の勉強会をすることになったようです．

木原　"おはよう！"
田中　"あっ，おはようございます．"
木原　"おお，圭子もいるのか．この前は悪かったな．"
鈴木　"そうですよ．'**自由度**とは何かを田中さんに聞いてほしい'と私に頼んでおいて，勝手に直接聞くなんて．私，どうやって質問するか，ずいぶん時間をかけて準備してたんですよ！"
木原　"おう，悪い，悪い．"
田中　"まあまあ．先輩も謝りに来ているんだし……．"
木原　"いや，俺は別に謝りに来たんじゃなくて，田中が言っていた'**カイ二乗分布の謎**'をちょっと聞きたくなっただけだ．"
鈴木　"'カイ二乗分布の謎'って，'カイ二乗分布の**再生性**'のことですか？"
木原　"いや，再生性はわかったんだ．二つの**確率変数** x と y があって，同じ**確率分布族の確率分布**に従っているとしたら，これらの和 $w=x+y$ も同じ確率分布族の確率分布に従うって話だよな．"
鈴木　"じゃあ，どこがわからないんですか？"
木原　"田中が'**独立**がどうのこうの'って言い出していたよな．"
鈴木　"木原さん，'頭が痛くなってきた'って言って，話をさえぎ

って帰ったんですよね."

木原"圭子,よく知っているな.お前ら,やっぱり俺のうわさ話で盛り上がっているんだな.共通の知人の悪口を言いながら酒を飲むのが一番楽しいっていうからな."

田中"悪口なんて言っていませんよ."

木原"まあ,いいよ.でも,独立の話が何となく気になってな.独立ってなんだったっけ?"

田中"独立っていうのは'互いに無関係'って思って問題ありません.鈴木さんには第10話で先輩に話した再生性について概要を伝えてあります."

鈴木"すごく面白そうで,早くカイ二乗分布と独立性の話を聞きたいです.なのに田中さんったら,'その話は先輩に話をするときに一緒に'って言うんです.私,ずっと楽しみに待ってたんですよ."

木原"俺が来るのを楽しみに待っていたとはよい心がけだな."

田中"……."

木原"というより,圭子が楽しみなのは,田中と話せるからだろ."

鈴木"木原さん,変なこと言わないでください."

木原"俺はどうせオマケみたいなものだからな.まあ,いいか."

鈴木"それより田中さん,早く話を聞かせてください."

田中"それじゃあ,始めましょうか.第10話では自由度がなぜ$n-1$になるかを説明しました."

木原"そうだったな.続きを頼む."

鈴木"お願いします!"

田中"では,何から説明しましょうか?"

鈴木"私は,カイ二乗分布がどういうものかを,まず説明してほしいです."

第13話　自由度はなぜ $n-1$ なの？（その2）　185

田中 "じゃあ，その話から始めましょうか．**標準正規分布**に従っている互いに独立な確率変数を k 個考えてください．"

木原 "$z_1, z_2, \cdots, z_k$ という感じかな．"

田中 "これらの2乗和

$$\chi^2 = z_1^2 + z_2^2 + \cdots + z_k^2$$

の確率分布をカイ二乗分布と呼びます．"

木原 "カイ二乗分布っていうのは確率分布族だったよな．"

田中 "そうです．確率分布の集まりです．標準正規分布を2乗して足した個数によって違いが生じます．"

木原 "確かに，足した個数によって違うものになりそうだな．"

鈴木 "もしかして，その違いを表すのが自由度なんですか？"

田中 "そうだよ．鈴木さんは鋭いね！"

木原 "ちょっと待ってくれ．ところで，この場合の自由度は？"

田中 "自由度は k になります．"

鈴木 "標準正規分布の2乗を足した個数がそのまま自由度になるんですか？"

田中 "ええ．"

鈴木 "わかりやすい！　田中さんのお話，すごくわかりやすいです．"

木原 "何を感激しているんだよ．俺にはよくわからんなあ．データが n 個のときは自由度は $n-1$ と1減るんじゃなかったのか？"

田中 "まあ，もうちょっとがまんして聞いていただけますか．**標準化**ってわかります？"

木原 "確率変数から母平均 μ を引いて，母標準偏差 σ で割ることだったっけ？"

田中 "そうです．その結果がどうなるか覚えていますか？"

鈴木 "**母平均が0，母標準偏差が1になります！**"

木原 "俺が答えようと思ったのに……."

田中 "じゃあ,先輩,もともとが正規分布に従う確率変数を標準化したらどうなります?"

木原 "ええっと……."

鈴木 "母平均が0,母標準偏差が1の正規分布,すなわち,標準正規分布に従います!"

田中 "正解! 正規分布には大変きれいな性質がたくさんあって,xが正規分布に従うときに,$y=ax+b$(a, bは定数)も正規分布に従うんです.先輩は正規分布の**確率密度関数**を知っているって言ってましたよね?"

木原 "この本のここに書いてある.μとσが含まれていることは知っているよ."

田中 "確率密度関数の形と,微積分学の変数変換の公式によって,$y=ax+b$(a, bは定数)も正規分布に従うことを示せます."

木原 "また頭が痛くなってきた……."

鈴木 "とにかく,これら一連の性質を使って,一般の正規分布の場合に確率を標準正規分布表を用いて計算できるんですよね."

木原 "そんな計算を学生時代にやらされた覚えがあるな."

田中 "実は,カイ二乗分布の定義をしたときにk個考えましたが,最初に一般の正規分布$N(\mu, \sigma^2)$に従う確率変数をn個考えると話がすっきりします."

木原 "じゃあ,$x_1, x_2, \cdots, x_n$とでも表すか."

田中 "これを標準化して

$$z_1 = \frac{x_1 - \mu}{\sigma}, \quad z_2 = \frac{x_2 - \mu}{\sigma}, \quad \cdots, \quad z_n = \frac{x_n - \mu}{\sigma}$$

とおきましょう."

木原 "でも,まだn個だな."

田中 "ええ．これらの2乗和
$$\chi^2 = z_1^2 + z_2^2 + \cdots + z_n^2$$
$$= \frac{(x_1-\mu)^2}{\sigma^2} + \frac{(x_2-\mu)^2}{\sigma^2} + \cdots + \frac{(x_n-\mu)^2}{\sigma^2}$$
は自由度 n のカイ二乗分布に従います．"

鈴木 "$z_1, z_2, \cdots, z_n$ のそれぞれは標準正規分布に従いますものね．でも，どうして**検定**に使うときには，自由度は $n-1$ になるのかしら？"

田中 "$z_1, z_2, \cdots, z_n$ の2乗和は，分母の σ^2 が共通なので括りだすと，分子は第10話で説明した**平方和**とちょっと違うことに注目してください．"

木原 "第10話の平方和 S は $x_i - \bar{x}$ の2乗和だった．今日の分子は $x_i - \mu$ の2乗和だな．"

鈴木 "私，ひとつすっきりしないことがあるんです．"

田中 "どんなこと？"

鈴木 "そもそも，未知の母平均 μ を使って平方和を考えても計算できないんじゃないですか．"

田中 "いいセンスだね．μ の値はわからないから検定や**推定**をするわけで，μ の入った平方和は計算できないんだ．"

木原 "それなら，どうしてこんな量を持ち出すんだ？"

田中 "話を理論的にすっきりと進めるためだけなんです．"

鈴木 "じゃあ，すっきりさせてください．楽しみだわ．"

田中 "実は，いつでも $\sum(x_i - \bar{x})^2$ の方が $\sum(x_i - \mu)^2$ より少し小さいんです．"

鈴木 "どれだけ小さいんですか？"

田中 "鈴木さんなら簡単に確かめられると思うんだけど，次の式
$$\sum(x_i-\mu)^2 = \sum(x_i-\bar{x})^2 + n(\bar{x}-\mu)^2 \tag{1}$$

が成り立ちます．"

鈴木 "どうやったらこの式を示せるのかしら？"

田中 "まず，左辺の $(x_i-\mu)$ を $(x_i-\bar{x})+(\bar{x}-\mu)$ と変形して，$A=(x_i-\bar{x})$，$B=(\bar{x}-\mu)$ とおいてごらん．次に，$(x_i-\mu)$ を2乗すると，$\sum$ の中で $(A+B)^2=A^2+B^2+2AB$ の三つの項になるよね．"

鈴木 "はい．"

田中 "この後，$\sum$ を三つの項に分けてから，3番目の項 $\sum 2(x_i-\bar{x})(\bar{x}-\mu)$ がゼロになることを示すんだよ．"

木原 "最後の項はゼロになるのか？"

鈴木 "それは $\sum$ の計算の基本ですね．定数を外に括り出せば……．"

田中 "そのとおり．$\sum$ で和をとるときには $2(\bar{x}-\mu)$ は定数だから，これを括りだすと

$$\sum 2(x_i-\bar{x})(\bar{x}-\mu) = 2(\bar{x}-\mu)\sum(x_i-\bar{x})$$

となって，最後の和が……．"

鈴木 "**偏差の和はゼロ**ですよね．"

木原 "おお，偏差の和がゼロって話は知っているぞ！ 第10話で聞いた．"

田中 "鈴木さんは本当に計算に強いですね．さっきの (1) 式は，σ^2 も書くと，

$$\frac{\sum(x_i-\mu)^2}{\sigma^2} = \frac{\sum(x_i-\bar{x})^2}{\sigma^2} + \frac{n(\bar{x}-\mu)^2}{\sigma^2} \tag{2}$$

のようになります．ここで，左辺は自由度 n のカイ二乗分布に従うことは前に言いました．"

鈴木 "標準正規分布の2乗を n 個足していますものね．"

田中 "そうです．実は，(2) 式の右辺の2番目の項には秘密があるんです．"

第13話 自由度はなぜ $n-1$ なの？（その2）

木原"どんな秘密だ？"

田中"自由度1のカイ二乗分布に従うんです."

鈴木"それって，すごく気持ちのいい話ですね．右辺の1番目の項が $n-1$ 個の標準正規分布の2乗和だったら，あと一つ足せば n 個ですものね."

木原"そりゃあそうかもしれないけど，なぜそうなるんだ？　俺には理由がわからん."

田中"このことは標本平均 $\bar{x}$ の確率分布に関係しているんです."

木原"平均値にも分布があるのか？"

鈴木"それは当然ですよ．標本平均値は単なる n 個のデータの平均という意味じゃなくて，確率変数 $x_1, x_2, \cdots, x_n$ の平均でしょ．確率変数の値が変わるたびに違う値になるもの."

田中"そうだね．そう考えればいいね."

鈴木"えへん！"

木原"わかったよ．それで，どんな確率分布になるんだ？"

田中"平均値 $\bar{x}$ の分布は $N\left(\mu, \dfrac{\sigma^2}{n}\right)$ となります．母平均や母分散は計算すれば確かめられますよね．さらに正規分布には，和をとるとやはり正規分布になるという性質がありました."

木原"それって再生性だったっけ."

田中"そうです．先輩も第10話で話したことを覚えていてくださり，話がしやすいです．それじゃあ，これを標準化してみてくれませんか？"

木原"標準化とは，確率変数からその母平均を引いて母分散の平方根で割る，つまり， $\dfrac{\bar{x}-\mu}{\sqrt{\sigma^2/n}}$ が標準正規分布に従うんだな."

鈴木"私，わかりました．この2乗が (2) 式の右辺の第2項に一致

するんですね．だから自由度1のカイ二乗分布に従うんですね．"

田中 "圭子さんの言うとおりです！"

鈴木 "田中さんが圭子って言ってくれたの初めてです．私，うれしい！"

田中 "あっ，あんまり見事な答えなので，ついうっかり．"

木原 "何を2人でねちゃねちゃ言ってるんだ．それより，俺は話の中身がイマイチすっきりしないぞ．"

田中 "いやあ，先輩，鋭いですね．実は，カイ二乗分布の定義のときにひとつごまかしている話があるんです．"

木原 "ごまかされた気はしてないよ．"

田中 "カイ二乗分布の定義で，k個の確率変数が互いに独立だってことは言いましたけど，その本当の意味を言わなかったんです．"

木原 "もしかして，また頭の痛くなる話か？"

鈴木 "多分，木原さんの頭が痛くなる話だと思いますけど，話の枕だけでも聞いておきませんか？"

木原 "仕方ないな．話の枕だけだぞ．"

田中 "では，あと少しだけ込み入った話をします．"

木原 "いままでの話でも十分込み入ってるぞ．そろそろ逃げ出す用意をして聞かなけりゃあいかんな．"

田中 "二つの確率変数xとyがあるとします．これが独立であるとは，どういうことかわかりますか？"

木原 "互いに無関係だってことだろ．"

田中 "もう少し数式を使って表現してみましょう．"

鈴木 "私はワクワクしてきました．"

田中 "鈴木さん，確率変数の定義は知ってる？"

鈴木 "**離散型**と**連続型**があって，離散型の場合は'xの取りうる値が決まっていて，これに関する確率も定まっていること'でよか

第13話　自由度はなぜ $n-1$ なの？（その2）

ったですか？"

田中 "よく覚えているね．x の取りうる値が $0, 1, 2, \cdots$ の場合は，0以上の i について $x=i$ が起こる確率 $p_i = P(x=i)$ が決まっていて，これらの総和が1になることが定義だね．じゃあ，**2次元の確率変数** (x, y) の定義は？"

鈴木 "よくわかりません．"

田中 "これも同じように考えるんだ．(x, y) がある値 (i, j) を取る確率が定まっていることが定義で，これを $P(x=i, y=j)$ と書いて**同時確率**と呼ぶんだ．"

鈴木 "独立性はどうやって定義されるんですか．"

田中 "その話はもう少し後でもよいかな．少し時間をもらえるとうれしいんだけど．"

鈴木 "わかりました．田中さんが待てとおっしゃるなら，いくらでも待ちます．"

田中 "この2次元の確率変数で，例えば $x=1$ となる確率を知りたいとするよ．どうやったら計算できると思う？"

鈴木 "(x, y) の取りうる値が定まっているのだから，$(1, 0), (1, 1), (1, 2), \cdots$ のように，x が1であるすべての可能性を考えて，それらの確率の和を求めれば，これが $x=1$ の確率になるんじゃないですか．"

田中 "そのとおり！　これを一般の $x=i$ について計算すると
$$P(x=i) = P(x=i, y=0) + P(x=i, y=1) + P(x=i, y=2) + \cdots$$
という式で求めて，これを x の**周辺確率**って呼びます．"

木原 "もしかして，y の周辺確率もあるのか？"

田中 "あります．$P(y=j)$ と書くことができます．"

鈴木 "それで，'独立性'って？"

田中 "今度は，タイミングがピッタリだね．同時確率が周辺確率の

積になることなんだ."

鈴木 "それじゃあ,

$$P(x=i, y=j)=P(x=i)P(y=j)$$

が成り立てばいいんですか. 確率的に全くお互いに依存しない, 無関係ってことですね."

田中 "そうです. iとjのすべての値でこの式が成り立てば, 独立性が成り立つと言います. 平均$\bar{x}$と平方和Sも独立になるんです."

木原 "俺は, 頭が痛いのを通り越して, ここにいるのが辛くなってきた."

田中 "じゃあ, 今日はこの辺でお開きにしましょうか."

鈴木 "あっ, 工場長!"

工場長 "おお, 統計勉強会はここでやっているのかな."

田中 "はい, でも, 今日はもう終わるところです."

工場長 "まあ, 田中君, そうあわてなくてもいいじゃないか. いま, '独立性' って聞こえたんでな, 声をかけたくなったんだ."

鈴木 "どうしてですか?"

工場長 "うん. ちょっと気になることがあってな. '子供が親から独立する' というのは, 統計学の独立性と関係するのかね?"

田中 "これは統計学で言うところの独立ではなくて, **排反**という意味じゃないですか?"

鈴木 "排反って互いに退け合っているって感じですね. 一緒にはいないってことですか. そうすると, 独立というより, 相手をちょっと意識しているから無関係じゃないんですね."

田中 "親と仲が悪くなると子供は家から飛び出しますね. これは, 相手を相当意識している証拠ですよね."

木原 "惚れあったどうしが最初に相手を意識すると, ちょっと避け

第13話 自由度はなぜ $n-1$ なの？（その2）

たくなるよなあ，田中．"

田中 "だ，誰のことですか？"

工場長 "そうすると，わが家のように長年連れ添った夫婦関係は統計学の独立性に近いのかな？"

鈴木 "夫婦円満ってことですか？"

木原 "圭子，お前，ほんと，センス悪いな！"

工場長 "ちょっと言いにくいが，長年連れ添っていると，相手のことが特段気にならなくなってな．相手を最大限尊重しているとも言えるが……．まっ，とにかく，相手の行動によって自分の行動が影響されることがなくなってくるな．"

田中 "そういう関係は統計学の独立性に近いかもしれませんね．"

鈴木 "工場長はご結婚されて何年になりますか？"

工場長 "何年だろう？ 結婚して20年くらいかな．"

鈴木 "結婚して20年ぐらい経つと，どんな愛でも冷めてしまうのかしら……？"

工場長 "こりゃあ，独身の若者の前でいらんことを言ってしまったな．忘れてくれたまえ．"

田中 "そうですよ．あくまでも工場長の家の話ですよ．僕たちはそんなことはありません．"

鈴木 "私も力を合わせて頑張ります！"

工場長 "おっと，そういうことなのか．じゃあ私が仲人をせねばならんな．夫婦仲のよいところも見てもらわんと．"

田中 "いえ，まだそんなこと，何も約束していません．"

鈴木 "はい．まだ，申し込まれたわけではありませんし……．"

木原 "'まだ' ということは，'そのうち結婚を申し込まれる' ということか？"

鈴木 "結婚だなんて……． キャ！"

木原"いやあ,めでたい,めでたい."
工場長"じゃあ,話が決まったら報告に来るようにな."
(第15話に続く…….)

> ✿ **ポイント** ✿
> (1) カイ二乗分布の自由度は,独立な標準正規分布の2乗を加えた数である.
> (2) 平均値にも分布がある.
> (3) 独立とは同時確率が周辺確率の積になることである.

難易度★★

第14話 回帰式だけでは誤解する！
変数の関連図

　木原さんと田中さんが仕事を終えて飲みに行こうとしています．資料室を通りかかると，そこに工場長がいます．工場長は，いくつかの参考書と資料を交互に見比べて，難しい顔をしています．

木原"工場長，難しい顔をしていますね．悩みを聞きましょうか？"
工場長"おお，田中君も一緒か！　ちょうどいい！　少し時間はあるかね？"
田中"はい．何ですか？"
工場長"先日話したように，私も統計的方法の勉強を独学で始めたのだよ．"
木原"なんだか嫌な予感がするな．"
工場長"それで，さしあたり**回帰分析**あたりをやってみようと思ってな．ソフトにデータを入力して解析してみたんだ．"
田中"どんなデータを入力されたのですか？"
工場長"データは表1の形式で，**説明変数**はx_1, x_2, x_3, x_4, x_5の五つ，**目的変数**はyだ．解析結果にどうも納得がいかんのだよ．"
木原"説明変数や目的変数のデータは**対応**しているんでしょうね．"
工場長"第6話でその必要性を教えてもらったからな．ちゃんとチェックしたよ．また，どの変数も特に**制御**しているものはなくて，**変動**のあるものばかりだ．"
田中"出力結果を説明してください．"

表1　データ

No.	x_1	x_2	x_3	x_4	x_5	y_1
1	x_{11}	x_{12}	x_{13}	x_{14}	x_{15}	y_1
2	x_{21}	x_{22}	x_{23}	x_{24}	x_{25}	y_2
⋮	⋮	⋮	⋮	⋮	⋮	⋮
n	x_{n1}	x_{n2}	x_{n3}	x_{n4}	x_{n5}	y_n

工場長　"出力された**回帰式**は

$$\hat{y} = 5.4 + 2.3x_1 - 10.6x_3 + 21.9x_4 + 0.24x_5$$

だ．**変数選択**したらx_2は選ばれなかった．"

木原　"工場長，この短い間に回帰分析を，しかも，変数選択まで勉強したのですか．やりますね！"

工場長　"でも，よくわからないのだよ．例えば，x_2はyに影響があるはずなのに変数選択では選ばれていない．また，x_3はyに対してプラスの影響があるはずなのに，その係数はマイナスになっている．yの値を大きくしたいときには，この式によればx_3を減らさなければならないが，経験的にそれはおかしい．"

木原　"**寄与率**はどれくらいですか？"

工場長　"寄与率は83％，**自由度調整済み寄与率**は79％だよ．"

木原　"まあまあですね．"

工場長　"まあまあだろ．"

田中　"**残差**の検討とかはされました？"

工場長　"変なデータがないかどうかだな．残差とか**テコ比**とか調べてみたよ．でも，特に引っかかるものはなかった．"

木原　"工場長，きちんと勉強していますね．えらいですね．"

工場長　"からかうなよ．この回帰式，これで正しいのだろうか？"

田中　"そうですね．回帰式の解釈は難しいです．説明変数間の**相関**

関係がありますからね．説明変数と目的変数の関係について，工程を念頭においてどれがどれの結果という具合に，図を描いていただけるでしょうか．"

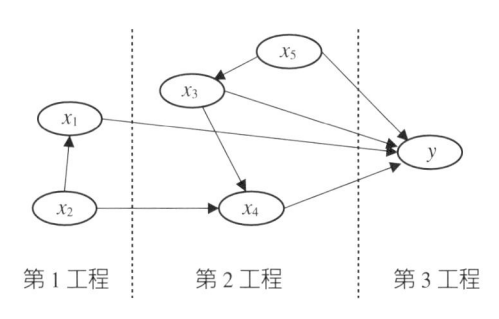

工場長 "工程は三つに分かれていて，x_1とx_2は第1工程の変数だ．x_1はx_2から影響を受けるかもしれないが，逆はあり得ない．x_3とx_4とx_5は第2工程の変数で，yは第3工程の変数だな．これらの関係は図1のようになると考えられる．"

図1　工程と変数の関係

田中 "x_2とyには関係があると言われましたが，それはどういう意味ですか？"

工場長 "x_2からyにはx_4を通して関係があることが従来から認められているんだ．"

木原 "それなのに，回帰分析で変数選択したらx_2が選ばれなかったということか．不思議だな．なあ，田中．"

田中 "いえ，不思議じゃないと思います．図1が正しいとすれば理解できます．逆に，回帰式は図1の妥当性をある程度示していると思います．"

木原 "どういうことだ？"

田中 "回帰式の各変数の係数の意味はどうだったですか？"

木原 "**偏回帰係数**と呼ぶんだったよな．例えば，x_1 の偏回帰係数の 2.3 は x_1 を 1 単位増加させたときに y が増加する量だろう．ふつうの数式と同じで，常識的な解釈でいいんだろう．"

工場長 "木原君，でも，回帰分析の教科書によると，x_1 の偏回帰係数の 2.3 は，回帰式中の x_1 以外の変数を固定したもとで，x_1 を 1 単位増加させたときに y が増加する量と書かれている．"

木原 "同じことでしょう．"

工場長 "それもそうだな．"

田中 "いえ，工場長の言われた意味の方を正確に理解すべきです．"

木原 "俺の言ったことと工場長の言ったことは違うのか？"

田中 "先輩の言い方では誤解を招くと思います．"

木原 "工場長のデータや出力結果をもとにして説明してくれ．"

田中 "はい．まず，変数 x_2 が変数選択で選ばれなかった理由を考えましょう．すべての変数を取り込んで
$$\hat{y} = \hat{\beta}_0 + \hat{\beta}_1 x_1 + \hat{\beta}_2 x_2 + \hat{\beta}_3 x_3 + \hat{\beta}_4 x_4 + \hat{\beta}_5 x_5$$
という回帰式を得たとします．ここで，x_2 の偏回帰係数 $\hat{\beta}_2$ は，他の変数 x_1, x_3, x_4, x_5 を固定したもとで，x_2 を 1 単位増加させたときに y が増加する量です．ところが，図 1 を見ると，他の変数 x_1, x_3, x_4, x_5 を固定すると x_2 から y への影響はなくなります．"

木原 "x_2 から y への直接的な影響はないからな．"

工場長 "だから，$\hat{\beta}_2 \approx 0$ となり，変数選択では x_2 が選ばれないということか．"

田中 "はい．"

木原 "それじゃ，x_3 の偏回帰係数がマイナスになっていて変だということはどうなんだ？"

田中 "図 1 に基づくと，x_3 から y への直接的な影響がありますから，その他の変数を固定しても，この影響は存在します．"

工場長 "x_3 の偏回帰係数 $\hat{\beta}_3 = -10.6$ の値は，回帰式中に含まれる他の説明変数 x_1, x_4, x_5 を固定したとき x_3 が1単位増加したら y が10.6減少することを意味しているということだな．"

木原 "でも，図1に基づくと，x_3 を増加させると x_4 が影響を受けて変動し，その結果，y も変動するんじゃないか？"

田中 "ええ，そうです．x_3 を1単位増加させると，-10.6 という $x_3 \to y$ の直接的な影響と，$x_3 \to x_4 \to y$ という間接的な影響の両方が y への影響となります．"

木原 "すると，工場長が言っていた，x_3 は y へプラスの影響があるという意味はこれらの二つの影響を併せたものということか？"

田中 "はい．x_3 の偏回帰係数は直接的な影響の大きさだけなので，マイナスの値になっているのはおかしくない，ということです．"

工場長 "x_3 が y へプラスの影響があるというのは，両者の物理的な関係に基づくものではなく，これまでの工場での経験的な理解だから，いまの説明でよくわかるよ．もうひとつ教えてくれないか？ 変数選択のときに，x_5 を回帰式から外してみたんだよ．"

木原 "x_5 の影響を表す指標は小さかったということですか？"

工場長 "大きかったのだが，どうなるのか試しにやってみたんだ．そうしたら，x_3 の偏回帰係数の値は -10.6 から $+1.8$ に変化した．そのときは，プラスになるからこの方がいいのかなとも思ったんだが，x_5 の影響はやはり大きいし，これを外すと寄与率や自由度調整済み寄与率が下がるので，やはり入れた方がいいのかなと考えた．別の変数を回帰式に取り込むかどうかで符号も含めて偏回帰係数の値は大きく変わるものなのかね？"

田中 "ええ．そういうことはよく起こります．"

木原 "どうしてだい？"

田中 "偏回帰係数の解釈は，回帰式中に含まれるその他の変数を固

定したとき，という前提条件がありますが，一方で，回帰式中に含まれない変数は固定されないのです．"

木原 "ということは，x_5を回帰式から外したときは，この影響がx_3の偏回帰係数の値に混入するということか？"

田中 "そうです．x_5が変化するとx_3とyはともに変化します．その結果，x_3とyには見かけ上の相関が生じます．これを**擬似相関**と呼びます．x_5を回帰式から外すと，この影響がx_3の偏回帰係数に入ってきます．"

工場長 "この場合の擬似相関はプラスということかい？"

田中 "そうです．"

木原 "それなら，x_4とx_5の両方を回帰式から外せば，x_3の偏回帰係数には$x_3 \to y$の直接的な影響と，$x_3 \to x_4 \to y$の間接的な影響と，$x_3 \leftarrow x_5 \leftarrow y$の擬似相関がすべて含まれることになるのか．"

田中 "はい．それが経験的に観察していたx_3からyへのプラスの相関関係だと思います．"

工場長 "x_3を1単位変化させたときyがどうなるのかは，擬似相関を除いた，$x_3 \to y$への直接的な影響と$x_3 \to x_4 \to y$への間接的な影響の和だから，先ほど私が示した回帰式でx_5はそのまま残してx_4を外したときのx_3の偏回帰係数だということになるが，それでよいのかね？"

田中 "それでよいと思います．"

木原 "x_4は必要な変数と判断されたんだろ．それを外すと寄与率や自由度調整済み寄与率は下がるんじゃないのか？"

田中 "ええ，下がります．回帰式の**予測**能力は落ちるでしょうね．でも，工場長の言われたように，x_3を意図的に変化させたときのyへの影響の大きさを考えようとするなら，x_4を外して考える必要があります．"

工場長 "x_4を外すと,x_2が新たに回帰式に取り込まれる可能性はないのかね?"

田中 "あります.x_4が回帰式中にないのなら,$x_2 \to x_4 \to y$の間接的な影響がx_2の偏回帰係数に現れますから."

工場長 "だいぶ勉強になったよ.要するに,回帰分析で形式的に変数選択を行って得た回帰式の偏回帰係数は,図1のような関係図を描きながら解釈しないとはっきりしないということだな."

木原 "でも,図1のような関係図を描かずに回帰式を求めて使っているケースがほとんどじゃないのか?"

田中 "そうだと思います.回帰式を予測のために使うのなら,図1のような関係図を描かなくても使えます.一方,ある説明変数の値を1単位変化させたときにyがどのくらい変化するのかということを考えるためには図1のような関係図が必要です."

木原 "図1の関係図か? この例では,工場長はしっかりと描くことができたが,描けないこともあるだろう."

田中 "そうですね.しかし,描く努力をしないといけないでしょうね.それをサポートするような方法論もあるようですよ."

木原 "なんて言うんだ?"

田中 "**グラフィカルモデリング**だったと思います.また,図1の関係図ができたら,各矢印の影響の大きさをデータから見積もることもできます.**パス解析**を用いるとよいようです."

✪ポイント✪

(1) 回帰式は予測には役立つ.
(2) 偏回帰係数の値は常識とは合わないことがある.
(3) 回帰式を解釈するために変数の関係図を作成する.

難易度★★

第15話 自由度はなぜ $n-1$ なの？（その3）
*独立性*と*無相関*の違い

　第13話からさらに1週間がたちました．土曜日の勉強会は3回目になります．圭子さんはいそいそとしています．田中さんに統計学のてほどきを受けるのがとてもうれしいようです．一方，木原さんはそろそろ限界を感じています．田中さんに"自由度って何？"って尋ねたばかりに，こんなにいろいろなことを教えられてしまうとは……，と感じています．

鈴木 "おはようございます．"
田中 "おはよう．今日はひとりかい？"
鈴木 "木原さんは'コンビニに寄るから，ちょっとあとから行く'って言ってました．"
田中 "今日はどの話から始めようか？"
鈴木 "第13話で**独立性**について説明してもらって，それなりにわかった部分もあるんですが，**平均**と**平方和**とがなぜ独立になるのかがわかりませんでした．"
田中 "ほかには？"
鈴木 "それから，平均と平方和が独立だったら，なぜ平方和の**自由度**が $n-1$ になるのかがわかりません．"
田中 "圭子さんは本当に物事をきっちりと把握できているね．"
鈴木 "はあ？"
田中 "第13話では，独立性について大事な話をひとつ省いていたんだ．ふつうの人はそんなことは気にしないでわかった気分にな

第15話 自由度はなぜ $n-1$ なの？（その3）

るところだけどね．今日は独立性がどのように使われるかをきちんと説明しよう．あっ，先輩！"

木原 "ちょっと遅れてしまったな．申し訳ない．"

田中 "先輩も来られたし，本題に入るとしましょうか．"

木原 "俺は何が問題かわかっていないんだけど．"

鈴木 "私が質問しますから，まかせといてください！ ええっと，二つの確率変数が……．"

田中 "本題に入る前に，僕の方からちょっと寄り道しておきたい話があるんですけど，いいですか？"

木原 "仕方ないな．つきあうか．"

田中 "**無相関**という言葉があるんですが，聞いたことありますか？"

木原 "**相関係数**が0になることだろ．"

鈴木 "相関係数は，2次元の n 組のデータ $(x_1, y_1), (x_2, y_2), \cdots, (x_n, y_n)$, に対して

$$r = \frac{\sum \dfrac{(x_i - \bar{x})(y_i - \bar{y})}{(n-1)}}{s_x s_y}$$

と計算する量でしたよね．"

木原 "分子は**共分散**で，分母は x と y の**標準偏差** $s_x = \sqrt{V_x}$, $s_y = \sqrt{V_y}$ の積だよな．"

鈴木 "相関係数 r は -1 から 1 までの値を取り，二つの変量の関係の強さを見ることができます．"

田中 "そのとおりです．でも，相関係数にはもうひとつ違う量があるんです．"

鈴木 "えっ!?"

田中 "**期待値**って覚えていますか？"

木原 "確率変数 x の期待値ってのは，x の取りうる値にその確率をかけてから加えるもので，$E(x)$ と書くのだったっけ？"

田中 "はい．$E(x)$ は x の**母平均**とも呼ばれ，μ というギリシャ文字で表現されます．"

鈴木 "もしかして，データの平均値 $\bar{x}$ に対しては母平均 μ が，データの分散 V に対しては**母分散** σ^2 があったように，相関係数にも母集団での値があるのですか．"

田中 "そうです．圭子さんは本当にいいセンスしているね．説明する前にどんどん先が見えるんだね．"

木原 "おい，田中！　圭子をほめすぎだ．"

田中 "すみません．じゃあ，先輩に聞きます．**母共分散**ってどんな量だと思いますか？"

木原 "データの分散が $V = \sum (x_i - \bar{x})^2 /(n-1)$ のときに母分散は $E\{(x-\mu)^2\}$ だったから，データの**偏差** $(x_i - \bar{x})$ を $(x-\mu)$ におきかえればいいんだよな．データのときは $\sum$ で和を取って $n-1$ で割ったけど，母分散は期待値を取ればよいから……．"

鈴木 "要するに，$E(x)=\mu_x$, $E(y)=\mu_y$ とおいて，$E\{(x-\mu_x)(y-\mu_y)\}$ ってことですよね．"

田中 "そう．これを $\mathrm{Cov}(x, y)$ と書いて母共分散と呼びます．"

鈴木 "この母共分散がゼロなら無相関なんですか？"

田中 "そうです．この母共分散を x と y の**母標準偏差** σ_x, σ_y の積で割ったものが**母相関係数**です．母共分散がゼロなら母相関係数もゼロになります．"

鈴木 "無相関とは母相関係数がゼロになることを言うのですね．わかりました．"

田中 "じゃあ，今日の本題に入ります．"

第15話 自由度はなぜ $n-1$ なの？（その3）

鈴木 "いよいよ独立性を使うんですね."

田中 "そうです．まず，さっき説明した母共分散ですが，x と y が独立なら必ずゼロになります．"

鈴木 "なんらかの関係はあると思っていました．"

田中 "母共分散は，

$$\mathrm{Cov}(x, y) = E\{(x-\mu_x)(y-\mu_y)\} = E(xy - \mu_y x - \mu_x y + \mu_x \mu_y)$$
$$= E(xy) - \mu_y E(x) - \mu_x E(y) + \mu_x \mu_y = E(xy) - E(x)E(y)$$

と計算できます．"

鈴木 "だから，母共分散がゼロっていうことは $E(xy)=E(x)E(y)$ っていうことですね．"

田中 "そうです．ところで，圭子さん，独立性の定義を覚えているかい？"

鈴木 "覚えています．すべての i と j で $P(x=i, y=j)=P(x=i)P(y=j)$ が成り立てば x と y は独立って言うのでしたよね．"

田中 "そのとおりだよ．これが成り立つとき，$E(xy)$ は次のようにばらばらに計算しても同じ値になることがわかります．まずは，**同時確率**を**周辺確率**の積にすると

$$E(xy) = \sum_i \sum_j ij P(x=i, y=j) = \sum_i \sum_j ij P(x=i) P(y=j)$$

のようになります．"

鈴木 "続きは私に計算させてください．j についての和を考えるときに $iP(x=i)$ は定数だから外に括りだして，それから $E(y)$ も i に関する和では定数だから，

$$E(xy) = \sum_i i P(x=i) \sum_j j P(y=j)$$

$$= \sum_i iP(x=i)E(y) = E(y)\sum_i iP(x=i) = E(x)E(y)$$

となります！"

田中 "本当に圭子さんは計算力があるね."

鈴木 "すごいです！ 感動しました．独立だったら母共分散はゼロになるんですね．こんなにすっきり説明できる田中さんも……ステキ."

田中 "えっ？ まっ，とにかく独立なら無相関にもなります."

木原 "だんだん俺には理解できない話になってきたって感じだな．どうせ，独立と無相関っておんなじ話なんじゃないの."

田中 "正規分布のときはそうです．でも，正規分布でないときには，無相関なら独立とは限らないんです."

鈴木 "じゃあ，成り立たない場合って，どんなときですか？"

田中 "結構簡単な例があります．表1は $P(x=i, y=j)$ を6通りの取りうる値の組に対して表にしたものです."

表1　無相関だが独立でない例（同時確率の表）

x \ y	-1	0	1	計
-1	0	1/2	0	1/2
1	1/4	0	1/4	1/2
計	1/4	1/2	1/4	1

鈴木 "計算してみます．$E(x)$ は周辺確率から

$E(x) = (-1) \times (1/2) + 1 \times 1/2 = 0$

となり，$E(y)$ も同様に $E(y)=0$ です．さらに，

$E(xy) = (-1) \times (-1) \times 0 + (-1) \times 0 \times 1/2 + (-1) \times 1 \times 0$

$$+1\times(-1)\times 1/4+1\times 0\times 0+1\times 1\times 1/4$$
$$=0$$

となります.だから,
$$\mathrm{Cov}(x, y) = E(xy) - E(x)E(y) = 0 - 0\times 0 = 0$$
ですね.あっ,確かに無相関ですね."

田中 "独立性はどうかな?"

木原 "これは俺に答えさせてくれよ."

田中 "ええ,どうぞ."

木原 "独立性は $P(x=i, y=j) = P(x=i)P(y=j)$ が成り立つかどうかだよな.例えば,$i=1$,$j=1$ の場合は,$P(x=1, y=1) = 1/4$ で,
$$P(x=1)P(y=1) = 1/2\times 1/4 = 1/8$$
だから一致しないね.ほかには……."

田中 "1組でも一致しない場合があったら,それで独立性は成り立たないので,これ以上調べる必要はないんです."

鈴木 "取りうる値のどんな組合せでも,ばらばらに計算してかけ算してよいっていうのが独立性ですものね.当然って気がします."

木原 "なるほど……."

田中 "確率変数が連続のときも同じように考えれば独立性を定義できます."

木原 "どんなふうに考えればいいんだ?"

田中 "**連続型確率変数**には確率密度関数があって,これが起こりやすさを表します."

木原 "離散型のときの**確率関数**と同じだな."

田中 "ちょっと違うんです.**確率密度関数**は,これをある範囲で積分すると確率になるものなのです."

鈴木 "もしかして,

$$\int_a^b f(x)dx = P(a < x < b)$$

という感じですか？"

田中 "そうです．その範囲での面積が確率だと考えていただいたらいいと思います．"

木原 "このとき，独立性はどう考えたらいいんだ？"

田中 "連続型の場合も**同時確率密度関数**と**周辺確率密度関数**の2種類があります．そして，同時確率密度関数が周辺確率密度関数の積になるとき，独立性が成り立つと定義されます．"

鈴木 "同時確率密度関数って，どうやって定義されるんですか？"

木原 "まっ，圭子！ 細かいことはいいじゃないか．俺は，独立の定義が'同時が周辺の積'ってことだけで十分だ．離散型のときの話と同じだし．"

田中 "先輩，そんなに短気を起こさなくても説明はすぐに終わりますから．"

木原 "本当だろうな．"

田中 "はい．同時確率密度関数というのは，

$$\int_a^b \int_c^d f(x,y)dxdy = P(a < x < b, c < y < d)$$

となる関数 $f(x, y)$ のことです．"

鈴木 "周辺確率密度関数は？"

田中 "例えば上の状況で，$P(a<x<b)$ を計算したくなったら，圭子さんならどうする？"

鈴木 "まず，

$$P(a < x < b) = P(a < x < b, -\infty < y < \infty) = \int_a^b \int_{-\infty}^{\infty} f(x,y)dxdy$$

と考えて……．"

第15話 自由度はなぜ$n-1$なの？（その3）

田中 "このとき，(a, b) の値をいろいろ変えて計算する必要があるとしたら，まず，$\int_{-\infty}^{\infty} f(x, y)dy$ を計算しておくと便利だよね．"

鈴木 "もしかして，これが周辺確率密度関数ですか？"

田中 "はい．$\int_{-\infty}^{\infty} f(x, y)dy$ はxだけの関数ですから$f_1(x)$ とおいて，xの周辺確率密度関数と呼びます．どうしてわかったの？"

鈴木 "いまの$f_1(x)$ という表現を用いると，

$$\int_a^b f_1(x)dx = P(a < x < b)$$

となって，さっきの確率密度関数の話そのものになりますから．"

田中 "鋭いね．"

木原 "俺は全然気が付かなかった．"

田中 "yの周辺確率密度関数はわかりますか？"

木原 "これは俺にまかせろ．xの周辺確率密度関数のときはyで積分したんだから，今度はxで積分して$\int_{-\infty}^{\infty} f(x, y)dx$ だろ．"

田中 "正解です．これを$f_2(y)$ としましょう．独立性は$f(x, y)=f_1(x)f_2(y)$ が……．"

鈴木 "すべての(x, y) で成り立つとき，ですね．"

田中 "そうです．これが連続型確率変数の場合の，確率変数が独立であることの定義です．"

田中 "ここでとっておきの切り札を出します．"

鈴木 "今日の最大の山場ですね．"

木原 "切り札，切り札って言うけど，何の役に立つんだ？"

田中 "これを用いれば，独立な確率変数の和の確率分布について説明できるし，平均と平方和が独立だから……．"

木原 "ええい，わかったから，早く出せ."

田中 "**積率母関数**っていうんです．定義式は $E(e^{tx})$ です．"

木原 "えっ！ 切り札っていうからどんなすごいものかと思ったら，ただの**期待値**じゃないか．"

田中 "いえいえ，この期待値はただものではないんです．母平均や母分散も導けますし．"

木原 "えっ，どうやって？"

田中 "積率母関数を t で1回で微分します．"

木原 "t で？ 積率母関数って t の関数なのか？"

田中 "そうです．だから $M_x(t)$ と書くことが多いんです．x にも影響されるし，t の関数でもあります．t で1回微分して $t=0$ を代入すると $E(x)$ が求まります．"

鈴木 "こんな感じですか．離散型確率変数の場合なら

$$M_x(t) = \sum_i e^{ti} P(x=i) \quad \text{だから,} \quad M_x{}'(t) = \sum_i i e^{ti} P(x=i)$$

となり，したがって，

$$M_x{}'(0) = \sum_i i e^{0 \times i} P(x=i) = \sum_i i P(x=i) = E(x)$$

となります．どうでしょう？"

田中 "そのとおりだよ．もう1回 t で微分して $t=0$ を代入するとどうなるかわかる？"

鈴木 "もう1回 t で微分すると $M_x{}''(t) = \sum_i i^2 e^{ti} P(x=i)$ となるので，$M_x{}''(0) = E(x^2)$ となると思います．"

田中 "正解！ 微分して $t=0$ を代入するたびに $E(x^k)$ が出てきます．これを k 次の**積率**と言うので積率母関数と言います．"

鈴木 "積率母関数って積率のお母さんなんですね．どんどん産まれ

第15話 自由度はなぜ $n-1$ なの？（その3）

てくる子供たち……."

田中 "この積率母関数のすごいところはこれだけじゃないんだ."

木原 "もう十分すごいと思うけどな."

田中 "積率母関数と**確率分布**とが一対一に対応しているんです."

木原 "確率関数 $P(x=i)$ が与えられたらこの積率母関数が求まるらしいことはわかったんだが，一対一ってのはどういうことだ？"

鈴木 "同じ積率母関数の確率分布はひとつしかないのですか？"

田中 "そうです．積率母関数がわかれば確率分布がわかるんです."

鈴木 "すごいわ！　じゃあ，確率分布を調べたいときには，これを調べればいいんですね."

田中 "そうなんだよ．まれに存在しないときもあるんだけど，ふつうは存在するから，基本的に心配する必要はないよ."

木原 "でも，積率母関数を求めるのが大変なのじゃあないか？"

田中 "正直言って，そういうときもあります．でも，期待値ですから取りうる値と確率をかけて加えれば求まるわけで，**微積分**の勉強をすれば必ず理解できるはずです."

木原 "俺は，微積分は苦手だった."

田中 "僕も計算の途中がよくわからないときもあるのですが，積率母関数の結果だけ知っていれば特に困ったことはありません."

鈴木 "田中さん，正直ですね．私，田中さんのそういうとこ……ｽｷ."

田中 "えっ？"

鈴木 "連続型のとき，期待値はどうなるのでしたか？　正規分布の場合の期待値や積率母関数はどう計算したらよいのですか？"

田中 "離散型確率変数の場合は取りうる値に確率をかけるのだったけど，連続型確率変数の場合は取りうる値に確率密度関数を $f(x)$ かけて全区間で積分すればいいんだ．連続型の場合は面積が確率に対応するので，確率密度関数に幅 dx をかけた $f(x)dx$ が確率と

思えばわかりやすいよ．"

鈴木 "なるほど．$E(x) = \int_{-\infty}^{\infty} xf(x)dx$ と書けばいいんですね．雰囲気がつかめました．これで，もう怖いものはなくなりました．"

田中 "積率母関数の使い道はまだ他にもあるんです．"

木原 "どうせたいしたことないんだろ！"

田中 "いえいえ，二つの確率変数 x と y が独立なら，これらの和 $w=x+y$ の積率母関数は別々に積率母関数を計算してかけ算をすればいいんです．式で書くと

$$M_{x+y}(t) = M_x(t)M_y(t)$$

となります．"

鈴木 "なぜこの式が成り立つのですか？ まず，

$$M_{x+y}(t) = E\{e^{t(x+y)}\} = E\{e^{tx+ty}\} = E\{e^{tx} \times e^{ty}\}$$

と計算できて……．"

田中 "そうそう．"

鈴木 "あっ！ わかりました．最後の形が x と y の関数の積になっていますよね．"

田中 "そうだね．この前 '独立ならば無相関' を示したときと同じように考えて，ばらばらに期待値を計算すればよいことがわかると思う．"

鈴木 "理由は完ぺきにわかりました．それでは，この式にはどんな使い道があるのですか？"

田中 "前に**再生性**の話をしたけれど，これをきちんと説明できるんだよ．"

鈴木 "例えば，**カイ二乗分布**の再生性ってどうやって説明するんですか．"

田中 "自由度 k のカイ二乗分布に従う確率変数の積率母関数は

$(1-2t)^{-k/2}$ なんだ.このことを利用すれば,二つの確率変数 x と y がそれぞれ自由度 k_1, k_2 のカイ二乗分布に従うとき,これらの和 $w=x+y$ の積率母関数を求めることができるんだよ."

鈴木 "私,やってみます.
$$M_w(t) = M_x(t)M_y(t) = (1-2t)^{-k_1/2}(1-2t)^{-k_2/2}$$
$$= (1-2t)^{-(k_1+k_2)/2}$$
となります.このことは w が自由度 k_1+k_2 のカイ二乗分布に従うことを意味する,って感じですか?"

田中 "そのとおり! これら x と y が独立なら,それらの和の積率母関数が各々の積率母関数の積になるので,カイ二乗分布の再生性が完全に示されたことになるんだ."

鈴木 "x と y が独立なところがポイントですね."

田中 "他の確率分布でも,積率母関数を使えば,再生性が簡単に説明できてしまうよ.**正規分布**,**2項分布**,**ポアソン分布**,**ガンマ分布**……."

鈴木 "私,自分でいろいろ計算してみます."

田中 "圭子さんなら自力でできそうだね.わからないことが出てきたら,何でも質問に来てくれたら歓迎するよ."

鈴木 "はい,そうします!"

田中 "それでは,最後の締めの話をするよ! もうちょっとだけつきあってくれるかな."

鈴木 "私は構いませんけど."

木原 "俺は構います……. でも,本当に最後の話だな."

田中 "今日の最初に圭子さんが言っていたことを説明してなかったよね."

鈴木 "そうですね.今日はたくさん面白い話を聞かせていただいたんですけど,私が最初に聞きたかった'平均と平方和の独立性'

田中 "これが成り立ったら,なぜ'平方和の自由度が$n-1$になるか'だったよね.実は,積率母関数を用いると簡単に説明できるんだ."

鈴木 "わあー,うれしい!"

田中 "第13話の(2)式を覚えている? あの,μを引いた平方和より,$\bar{x}$を引いた平方和が小さいっていう式だけど."

鈴木 "覚えています.あのあと,自分で確認しましたから.

$$\frac{\sum(x_i-\mu)^2}{\sigma^2}=\frac{\sum(x_i-\bar{x})^2}{\sigma^2}+\frac{n(\bar{x}-\mu)^2}{\sigma^2} \tag{2}$$

ですよね."

田中 "この式の左辺が自由度nのカイ二乗分布に従うことは説明したよね."

鈴木 "はい.互いに独立な**標準正規分布**を考え,これらの2乗和ですから定義どおりですね."

田中 "だから,左辺の積率母関数は$(1-2t)^{-n/2}$となります.さらに,右辺の第1項をx,第2項をyとおくと,xとyが独立なら積率母関数に関して両辺が一致するから,

$$(1-2t)^{-n/2}=M_x(t)M_y(t) \tag{3}$$

が成り立ちます."

木原 "もうひとつわかっていたことがあったよな.ええっと……."

田中 "そうですね.もうひとつの話はyの確率分布についてです.yは$\bar{x}$を標準化したものの2乗なので自由度1のカイ二乗分布に従います."

鈴木 "つまり,$M_y(t)=(1-2t)^{-1/2}$となるんですね.これを(3)式に代入すると,

$$(1-2t)^{-n/2}=M_x(t)(1-2t)^{-1/2}$$

第15話 自由度はなぜ $n-1$ なの？（その3）

となるから，あっ！"

田中 "わかったみたいだね．そうなんだ．$M_x(t)=(1-2t)^{-(n-1)/2}$ が導かれるから……．"

鈴木 "これは自由度 $n-1$ のカイ二乗分布の積率母関数の形をしているから，x が自由度 $n-1$ のカイ二乗分布に従うことが示されたのですね．"

田中 "これが僕の言いたかった最後の締めの話です．"

木原 "はあー，終わった，終わった．さあ帰ろう．帰って，ビールをいっぱい飲もっ．"

鈴木 "待ってください．私，まだひとつ疑問が解けていません！"

田中 "わかっているよ．'なぜ，平均と平方和が独立になるか'でしょ．でもね，圭子さん，先輩のことも考えてあげよう．"

木原 "そうだよな．本当に配慮がないよな．俺はもう身も心もボロボロ．"

鈴木 "仕方がありません．今日はこの辺にしておきましょう．"

田中 "来週の土曜日にもう一回勉強会をやって，最終回にしよう．圭子さんの頭の中から疑問点をすべて一掃するようにしようね．"

鈴木 "わかりました．ではまた来週．"

木原 "げげっ！　来週もか．田中，ほんとに最終回だろうな．よし，もう1回だけつきあうよ．"

（第18話に続く……．）

✿ポイント✿

(1) 独立なら無相関だが，無相関なら独立とは限らない．

(2) 積率母関数は分布を特定する．

(3) 互いに独立な二つの確率変数の和の積率母関数は，各々の積率母関数の積になる．

難易度★★

第16話 信頼を得るためにはシビアに！
加速信頼性試験

　久しぶりに残業を早く終え，帰り支度をしている田中さんのところへ木原さんがやって来ます．面倒見のよい木原さんは友人の佐藤さんが困っているのを知り，なんとか力になろうとしています．

木原 "た，田中っ．ちょっと帰るのを待ってくれ．話がある．"
田中 "あっ，先輩．"
木原 "いま，うちが開発したなめらか補正回路システムがホームエレクトロニクス社のプラズマ TV で採用されていることは知っているだろう．"
田中 "ええ，知ってますよ．電装研究所の目玉の新規事業ですからね．でも，どうして先輩は電装研究所の新規事業に興味があるんですか．"
木原 "俺くらいになると他の事業部門についても知っておく必要があるんだ．あのシステムは，当初，カーナビ用に研究開発されたものだったんだが，ホームエレクトロニクス社に見込まれて，わが社では初めて家電に採用された画期的なシステムだ．興味をもたない人間はいないぞ．まあ，本当を言うと同期の佐藤から相談を受けたんだよ．"
田中 "ああ，研究所のほがらか佐藤さんですね．そういえば，先日，廊下ですれ違ったときに妙に暗い顔をされていたのでびっくりしました．"
木原 "プラズマ TV の市場売価が下がってきただろう．そのために，

第16話　信頼を得るためにはシビアに！

うちのシステムについてもコストダウンの要求が厳しいんだ．それで，プリント配線板（PWB）は，国内のペルセウス社を取り止めて，海外のペガサス社で作ってもらうことにしたらしい．そうしたら，ホームエレクトロニクス社から耐久性データをよこせって言ってきたんだよ．それで，佐藤が評価試験を行ったんだが，提出したデータに問題があるらしい．"

田中"ペガサス社のPWBを使った実装ユニットは，社内評価では問題がなく合格したんでしょう．"

木原"そうなんだが，ホームエレクトロニクス社との契約で書かれている試験方法とうちの試験方法とが全然違うので，研究所長が泡を食って佐藤をどやしつけたんだ．"

田中"ペルセウス社を使っていたときの実装ユニットは，どのような試験をしていたのですか．"

木原"あのときは，ホームエレクトロニクス社が全部試験をやっていたそうだ．うちの電装事業はまだ新しいからな．あまりノウハウがないんだよ．"

田中"それで佐藤さんは暗い顔をされていたんですね．"

木原"そこでだ．これから佐藤のところに行って元気付けようと思うんだが，田中も一緒に行ってくれないか．お前，経営システム工学科卒なんだから学生時代に信用性じゃなかった信頼性何とかという授業を受けているだろう．"

田中"ええ．**信頼性工学**はAをもらいましたけど．"

木原"それは好都合だ．佐藤も安心するぞ．よし，田中，行くぞ．"

*　　　*　　　*

電装事業部第3会議室……

佐藤"木原，申し訳ない．例の件で本当に困っているんだ．"

木原"佐藤，心配するな．今日は秘密兵器の田中を連れてきた．こ

れで解決したようなもんだ."

田中 "先輩,ちょっと待ってください.中身も聞かないうちに解決しただなんて."

木原 "さっき,しっかり話してやっただろう.佐藤,こいつは若いが,学生時代に信用性工学が最優秀成績だったそうだ."

田中 "信用性工学じゃなくて信頼性工学です."

佐藤 "……."

田中 "ところで,佐藤さん,ペガサス社のPWBを使った実装ユニットの**信頼性試験**はどのように行われたのですか."

佐藤 "実は,民間のα(アルファ)研究所が出している報告書を参考にして,**雰囲気温度**120°C,つまり外部の温度を120°Cにして**加速信頼性試験**を行い,1 000時間で無故障だったんだよ."

田中 "1 000時間の試験で十分な信頼性を確保できるんですか."

佐藤 "ああ,ごめん.このシステムの使用環境は60°Cを上限に設定してあるんだけど,加速試験で雰囲気温度を120°Cに設定して1 000時間の通電を行うと,ちょうど10年の**寿命**に相当するんだ.それは**アレニウスモデル**によって求まる."

田中 "佐藤さんはアレニウス式から雰囲気温度120°Cと1 000時間を求めたのですね."

佐藤 "いや,α研究所に相談して決めたんだよ."

木原 "アレニウス式ってなんだい."

佐藤 "電子部品の劣化は原子や分子レベルの変化によるんだ.変化のメカニズムには,拡散や酸化,吸着,電解,クラック成長等が考えられる.これらの変化が進行して材料や部品を劣化させ,ある限界を超えると故障に至るという反応論から導き出されたものだそうだ."

木原 "わかった.そのアレニウスとかいう式を使い,加速信頼性試

験で機械をぶんまわしたんだな．それで1 000時間で無事故ってことは通常の家庭で使われると10年に相当するんだろ．だったらOKってことじゃないか．何を悩んでいるんだ．ホームエレクトロニクス社にガツンと言ってやれ．"

田中 "先輩，ちょっと待ってくださいよ．佐藤さん，試験では何枚の実装基板を使ったのですか．"

佐藤 "環境試験室の関係で7枚使って1枚も壊れていないんだよ．これで大丈夫だと思ったんだ．ところが，ホームエレクトロニクス社は，**指数分布**をもとに**信頼度**90%の**信頼率**60%で10年を保証する試験データを出せと言ってきた．"

木原 "頭の固いホームエレクトロニクス社にガツンだな．"

佐藤 "信頼度とか信頼率とかさっぱりわからなくて……．"

田中 "佐藤先輩，メカニズム的にどんな故障が考えられますか．"

佐藤 "うん．アレニウスモデルの話になったけど，個々のコンデンサとかリレーとかは温度，まあ熱だね，この影響で徐々に劣化して**摩耗故障**すると思うんだ．ホームエレクトロニクス社の契約に出ていた指数分布について調べたら，時間に依存しない**偶発故障**のモデルだと書いてあって，しかも偶発故障とは突発的な故障だとも書いてある．それで頭が混乱しているんだ．"

田中 "実装基板にはたくさんの電子部品が直列に配置されているんですよね．"

佐藤 "ああ，このシステムは複雑で電子部品の点数も多いからね．"

田中 "複数の部品やアイテムで構成されているシステム全体の信頼性では**ドレニックの定理**が成り立って，寿命は指数分布で近似されることが多いんです．"

佐藤 "実装基板全体の寿命は指数分布に基づいて決められるということなのかい？"

田中 "現実にはゆるやかな摩耗故障なのでしょうが,指数分布を仮定した偶発故障に対する信頼性試験を要求される場合が多いようですね."

木原 "たっ,田中.偶発だの摩耗だのって何言っているんだ.部品なんて使えばすり減って大体同じころあいで壊れるもんだろう.たまにそれより寿命がもったりすると大当たりって感じじゃあないのか.これが現実の話だぞ."

田中 "先輩,そんなに単純じゃないですよ."

木原 "どうしてだ? 摩耗故障は劣化の過程や摩耗の結果として耐用寿命の終末付近で発生するもので,時間経過とともに急激に増加するものだろ.例えば,ベアリングの摩耗や樹脂のクリーク破壊なんかが摩耗故障になる.正規分布とは違って寿命の長い側に裾を引くような分布,つまり**ワイブル分布**等で近似されるんだろ."

田中 "だいたいそうなんですが,正確ではないですよ.ところで,先輩方は**故障率**ってご存じですか?"

木原 "故障したものを全体で割ったもの,すなわち確率だろ?"

田中 "先輩,確率と故障率とは違います."

佐藤 "田中君,何がどう違うんだい?"

田中 "佐藤先輩,生命保険なんかで35歳死亡率とか40歳死亡率といった言い方をしませんか?"

佐藤 "ああ,聞いたことがあるよ.40歳死亡率というと40歳から41歳になる1年間で不幸にして亡くなる確率だよね."

田中 "ええ,故障率はそれとほぼ同じで,ある基準となる時間間隔の中で故障する確率です.時間間隔がほとんどない,瞬間的な場合を**瞬間故障率**と呼びます.死亡率等のように時間間隔が長い場合は平均という言葉を前につけて**平均故障率**と呼びます."

木原 "割り算する分子は同じだぞ."

佐藤 "木原,分母が違うんだ.分母は時点によって変わるだろう."

木原 "どういう意味だ?"

田中 "先輩,40歳死亡率を考えてください.40歳死亡率の対象となるのは,40歳まで生きていることが前提,すなわち条件付きで次の1年での死亡のリスクです.30歳になりたての僕はこの40歳死亡率を計算する集団には入れません.故障率も同じで,条件付きで計算します.分子は,**確率密度関数** $f(t)$ でよいのですが,分母は1から**分布関数** $F(t)$ を引いた $1-F(t)$ となります.つまり,$\lambda(t) = f(t)/\{1-F(t)\}$ を故障率とするのですが……."

木原 "なぜ,t を使うんだい?"

田中 "時間の関数ということで,小文字の t を使います.時間の関数ですから,この故障率を**故障率関数**とも呼びます."

木原 "少しわかった.故障率とか故障率関数というのは次に故障するリスクということだな."

田中 "この故障率関数が時間とともに単調増加する期間を**摩耗故障期**と言います.人間にたとえると,30代後半からが摩耗故障期です.先輩方のように35歳を超えると年々死亡率が増加します.摩耗故障期に入っていますから十分注意してくださいよ."

木原 "ああ,大丈夫だ.俺は百薬の長をたしなんでいるからな."

田中 "故障率関数が時間に無関係で一定の期間が**偶発故障期**となります.人間にたとえると,10代から30代前半に相当します.また,故障率関数が時間とともに単調減少する期間を**初期故障期**と言います.人間にたとえると,抵抗力の弱い10代までに相当します."

木原 "よくわかった."

田中 "偶発故障を表すものが指数分布です.指数分布では,その故

障率 λ の逆数が平均故障時間となります."

佐藤 "何となくわかったよ.さっきも言ったけど,われわれの試験では1 000時間で故障が0/7だから問題ないのではないかい.別に確率分布など気にする必要もなさそうなんだけど.そもそも故障したものがないのだから,確率分布なんてわからないんじゃないかい?"

田中 "信頼性試験では, n 個のサンプルで,ある試験時間内に故障する数 c が0個かどうかを調べる抜取試験がよく行われます.佐藤先輩,ホームエレクトロニクス社の契約書を見せてください."

佐藤 "ここにあるよ.ここに書いてある表を使えとなっているね.こんなところまで細かく読んでいなかったよ."

木原 "しかし,この表ではワイブル分布を使えと書いてあるぞ."

田中 "いいんですよ.ワイブル分布の**形状パラメータ** m が1の場合は指数分布に一致するんです.その列の値を読めばOKです.それから $\beta=0.40$ というのが信頼率60%という意味です."

佐藤 "1.24って書いてある.この数字が**B10**の倍数ということになっているね.どういうことだい."

田中 "1.24をB10の時間にかけましょう.B10とは全体の10%が壊れるまでの時間ですから,裏返せば全体の信頼度90%を意味します.製品にうちのシステムが組み込まれて10年経過したときに全体の90%が元気に動いてくれる状態を保証するのが信頼度90%です.でもこれは点推定です.次に,サンプリング誤差を考慮して**信頼区間**という幅をつけます.品質管理では信頼率95%がよく使われますが,信頼性では信頼率を60%とすることが多いんです.この確率で区間の幅が決まります."

佐藤 "すると,10年がB10ということだね.これに1.24を掛けると12.4年になる.これが信頼率60%を考慮したものなのか."

第16話 信頼を得るためにはシビアに！

木原 "つまり，信頼度90%を信頼率60%で10年保証するには，その1.24倍の12.4年分に相当する加速試験をしなければならなかったということか."

田中 "そうなります．試験時間あるいは試験の枚数が少し足りません．"

木原 "田中，何とかならないのか．はじめから試験をやり直す時間なんてないぞ．"

田中 "……．"

佐藤 "もう一度，試験をやり直して結果が出るまでは，実績のあるペルセウス社のものを使うしかないか．"

木原 "ペルセウス社は単価で3円は高いぞ．何とかならないか？"

田中 "目先の単価ばかり追うと，**LCC（ライフ・サイクル・コスト）**で大きな損失を被ることになりかねません．信頼性問題は商品が市場に出てから数年後に顕在化するのでリコールにかかる損失コストの大きさばかりでなく，ブランドの失墜につながります．しかも，信頼性問題が起きたときには，もう技術的に手が打てない状態になっていることが多いんです．"

木原 "たっ，田中，脅かすな．"

佐藤 "田中君の言うとおりだ．ペガサス社のPWBでも確実に10年は保証できると思うけど，やむを得ないよ．この件は，事業部長に報告して，ホームエレクトロニクス社側と交渉してもらうしかないな．"

田中 "佐藤さん，まだ，不安があります．α研究所のデータをそのまま鵜呑みにしてよいかが心配です．"

佐藤 "どういうことだい？"

田中 "α研究所では今回の実装基板と全く同じものを試験したわけではないでしょ．"

佐藤 "ああ，基準品を使っている．また，各企業から電子部品の信頼性に関する基礎データを集めて補正していると聞いているよ．"

田中 "今回の実装基板が提示されたアレニウスモデルに正確に従う保証はないでしょう．"

佐藤 "確認のためにも，雰囲気温度を何水準かふって加速寿命試験を行う必要があるということだね．"

田中 "温度以外にも故障の要因をリストアップして信頼性試験を行う必要がありますよ．"

佐藤 "田中君，ぜひ，試験計画，いや信頼性工学について，うちのメンバーに話してくれないか．今回の教訓をもとに，うちではしっかりした信頼性管理システムを構築するように研究所長に働きかけるよ．"

木原 "佐藤，善は急げだぞ．田中，ぜひ協力してやれ．"

✧ポイント✧

(1) 寿命データを収集するには時間とコストがかかる．

(2) 寿命分布は故障モードにより異なる．

(3) 信頼性保証ではシビアに見積もる．

難易度★★

第17話 実験計画法を使う前後の六つの指針
大きな流れと考え方

　工場長が熱心に**統計的品質管理**（**SQC**; statistical quality control）の教科書を勉強しています．木原さん，田中さん，圭子さんの勉強会にも触発されたようです．工場長は，第14話で**回帰分析**への理解を深めましたので，今度は**実験計画法**についても理解を深めようとがんばっています．

工場長"ええっと，何々？　そうか，**直交表実験**では，'**因子**や**水準**を決定する．そして，それらの間に存在しうると思われる**交互作用**と無視しうる交互作用を設定する．そして，存在しうると思われる交互作用が検出できるような計画を構成する．' ということか．実験で物事を検証することはとても有効だし重要だ．そのやり方は概念としてはわかるんだが……．"
田中"工場長，どうされたんですか？　ひとり言ですか？"
工場長"おお，田中君か．ちょうどいいところに来た．君はこの分野に明るいだろ．ちょっと教えてもらえないか？"
田中"この分野って，どの分野ですか？"
工場長"統計的手法を使って各種の品質改善を実施するSQCだよ．田中君はわが社のSQCの中核的存在だからな．"
田中"最近どうされたんですか？　先日もSQC関連の質問をされていましたし．"
工場長"端的に言えば，全社方針の実践だ．'事実に基づいて物事を進めよう！' っていう全社方針が出ただろう？　それを実践す

るには，やはり，事実を的確に把握する統計的手法がとても役に立つからな．そこで，実験計画法を勉強し始めたところだよ．"

田中 "トップもこの種の活動を継続的に推進することの重要性を認識されたのですね."

工場長 "社長や役員たちも，結果だけでなく，**プロセスを重視する**ようになってきたようだ."

田中 "それで，僕に何を教えろと言われるのでしょうか？"

工場長 "自分で勉強してみて，君のように正確ではないにせよ，それぞれの方法のもつ機能や考え方等は一応わかったつもりなんだ."

田中 "それらの方法についての質問ですか？ どの方法でしょう？"

工場長 "いや，方法そのものについての質問ではないんだ."

田中 "と言いますと……？"

工場長 "それぞれの方法に持ち込むまでというのか，実際に方法を活用するためにというのか……."

田中 "方法の活用への道筋みたいなものですか？"

工場長 "そうだ．特に知りたいのは実験計画法だ．実験計画法のテキストを読むと，'因子 A について特性が一番大きくなる水準を，候補として与えられている 3 水準から選びたい……' というような記述がいたるところにあるだろう."

田中 "典型的な **1 因子実験**，**1 元配置法**の状況ですね."

工場長 "疑問というのは，その状況の前後ではどのように進めたらいいのか，ということなんだ."

田中 "確かにそうですね．ほとんどのテキストでは，因子と水準が決まっていて，それから実験をどう構成するか，また，データ解析はどうやるかを中心に議論していますね."

工場長"その点に対する疑問なんだ."

田中"重要な問題ですね."

工場長"そもそも,問題を明確化してから,実験の計画,データ解析までを含めて,一般的な手順というものはあるのだろうか?"

田中"今日の工場長,とても哲学的ですね."

工場長"全社的に推進する立場から考えると,実験をどのように進めるのか,その手順のようなものがあった方が推進しやすいと思うんだ."

田中"そうですよね.厳格な手順はないと思いますが,概念的には,

1. 背景の整理:状況・問題・資料の整理等
2. 目的の設定:特性とその目標の設定
3. 因子と水準の設定
4. 実験の計画
5. データ解析
6. 結論の現場への導入

のような段階に分けられると思います."

工場長"ほう,面白そうだな…….少し詳しく説明してくれるか?"

田中"お断りしておきますが,あくまで指針です.だいたいこんなステップかなというものです.もちろん前後が入れ替わることもありますし,同時に進めることもあります.ただ,これらの六つの要点は,どんな場合でも押さえておく必要があると思います."

工場長"では,厳格な手順ではなく,指針という意味で聞こう."

田中"まず,第1段階では,取り上げる問題を整理することから始まると思います.例えば,わが社の設計の場合,大規模に考えるのか,それとも,できるだけ変更点を少なくして考えるのか.こ

のあたりの方針設定,状況の整理が必要だと思います."

工場長 "それは,予算規模,人的規模等の意味か？"

田中 "それも含みます.全く新しい設計の場合もあれば,そうでない場合もあります.全く新しい場合には,多くの予算,人的資源を配置し,いろいろな**設計パラメータ**を新たに設定します.一方,ちょっとした改善の場合には,比較的少ない予算で乗り切ります."

工場長 "大規模な場合にはハイリスク・ハイリターンになるんだろうな.例えば,いろんな設計パラメータを新規に設定したり変化させたりすれば,より高品質なものが生まれる可能性が高くなる.一方,失敗したときのリスクは大きい."

田中 "そのとおりです.一番避けなければならないのは,引き際を誤って,見込みがないのにずるずるとプロジェクトを引きずってしまうことです.これを避けるために,プロジェクトの規模を事前に決めておくのです."

工場長 "巨額の初期投資をしたがよい結果が出ず,引き際を誤ってずるずると追加投資をして,結果的に膨大な損失になると大きな問題だからな."

田中 "実験も同じだと思います.どの範囲で実験に基づくプロジェクト遂行を考えるのか,設備部門だけか,設計も設備も一緒か等を事前に決めておきます."

工場長 "2番目は'目的,特性値の設定'か.そうか,特性を決めるというのだな…….結果をどう測るか,そしてそれをどうしたいのかを決めるのだな."

田中 "そうです.結果を何とかしたいのが実験に基づくプロジェクト遂行の目的ですから,その結果をどう測定するか,また目標がどの程度かを考えることが重要になります."

工場長"指針はあるのかね？"

田中"特に決まった指針はありません．特性を決める際には，対象のよさを適切に表現するものを取り上げる必要があります．このあたりの決定は，統計的な側面や管理技術的側面よりも，技術から決まる部分が多いと思います．またこの目標レベルは，会社の戦略，競合相手のレベル等から決めることになるでしょう．"

工場長"なるほどな．特性の決定は技術的な部分が多いか．"

田中"はい．"

工場長"特性が決まると，第3段階として，それに影響を及ぼすと思われる**要因**の中から，実験に取り上げる因子や水準を決めるんだな．"

田中"そうです．結果に影響を及ぼしそうなものから，実現可能性等を考慮しつつ因子を選定します．"

工場長"しかし，結果に影響を及ぼすことについて'どの程度の影響を及ぼすか'が事前にわかっているとしたら，実験なんて必要ないだろう．ということは，影響を及ぼしそうだけれど，どの程度かがわからないものを取り上げるということかね？"

田中"そうです，そのとおりです．"

工場長"概念としてはよくわかるが，それを具体的にどうやって行うんだい？"

田中"このあたりは技術の蓄積によると思います．つまり，特性と要因についてどの程度構造的に知識が整理されているかですね．"

工場長"知識を構造的に整理するためのツールはあるのかい？"

田中"私も同じ疑問があり，学会等を通じて何人かの方にお伺いしたところでは，各社各様でした．ある企業では要因系統図のようなものを用意し，別のある企業では部品構造と特性のマトリックスを用意していました．いずれにしろ，この種の整理は定性的な

ものにならざるをえません．しかし，定性的だからといって何も行わないとすると，一向に知識は蓄積されません．ですから，何らかの手段で既存の知識を表現することが重要です．"

工場長 "品質管理の大家の石川馨先生が，'**特性要因図**を作成することは教育である'と述べておられたそうだ．つまり特性要因図に表現することで，各人がもつ断片的知識を整理でき，また，それを周知できる．若手技術者は先輩技術者の知識を吸収でき，またベテラン技術者は自身の持つ知識を表現し，それを議論することでより高度なレベルに昇華できるということだな．"

田中 "そうですね．"

工場長 "さて4番目は'実験の計画'か．これは，この本に書いてあるような，**多元配置実験**や，**直交表実験**，**分割実験**，**乱塊法**，**タグチメソッドのパラメータ設計**等のことだろう？"

田中 "有名なところではそのあたりですね．"

工場長 "有名なところって，このほかにもあるのかね？"

田中 "実験の計画といっても，いろいろなやり方があります．まず，工場長が指摘されたものは，タグチメソッドを除けば，いわゆる**フィッシャー流**の実験計画です．"

工場長 "フィッシャーって，あの F 分布のフィッシャーか？"

田中 "よくご存じですね．フィッシャーが実験計画法の基礎を構築したんです．"

工場長 "そうらしいな．"

田中 "このフィッシャー流，タグチメソッド以外にも，量的因子の取扱いを中心に発展した**応答曲面法**や，数理的側面から発展してきて最近は実用的になってきた**最適計画**等があります．"

工場長 "ほほう，応答曲面法，最適計画の両方とも聞いたことはなかった．"

田中"でも,海外ではとてもメジャーですし,最近の統計ソフトは,解析だけでなく,実験を計画する機能も有しています."

工場長"そうか.今度勉強してみよう.次は5番目の'データ解析'だな.これはおおざっぱに言うと,まず**グラフ**を描いておおよその傾向を探り,次に,表1のような**分散分析表**で検証し,最後に推定を行うということだな."

表1　分散分析表の例

要　因	平方和	自由度	V	F_0
A	5.17	2	2.587	3.707
B	69.07	3	23.024	32.992
A×B	40.01	6	6.669	9.557
誤差	8.37	12	0.698	
計	122.64	23		

田中"基本的な流れはそうですが,最初にグラフを描いたときには,違う視点から眺めた方がよいと思います."

工場長"ほう？　でも,入門的なテキストでは,グラフによりおおよその傾向を探ると書いてあったが……？"

田中"確かにそのようなテキストもありますが,それよりも重要なのは,**データの質**を吟味することだと思います.つまり,**異常値**や**外れ値**等がないかどうかを含め,実験が的確に行われたかどうかをチェックするのです."

工場長"以前,回帰分析の勉強をしたとき,**アンスコムのデータ**というのが紹介されていた.これは,同じ**平均**,**標準偏差**,**相関係数**となるデータセットが複数あっても,データの**分布**状況が全く異なる場合がある,っていうのだったよな……."

田中 "お詳しいですね．そのとおりです．外れ値等があったとしても**統計量**は同じ値になってしまうことがあります．ですから，統計量を求める意味があるのかどうかの検討を基本的にグラフで行う必要があります．外れ値のチェック等，データの質を吟味することがグラフを描くことの大きな目的です．"

工場長 "分散分析の後の解析では**推定値**をプロットしたりするが，それらはすべて，平均等のようなデータを集約した結果に基づくものだからな．"

田中 "データの質のチェックが終わったら，分散分析に基づき，どの要因効果に着目したらよいのかを考えます．分散分析表を書くことで，どの要因効果を綿密に調べたらよいかがわかります．"

工場長 "ほうそれは？"

田中 "先の例の場合には2因子実験ですが，五つも六つもの因子を同時に取り上げることもよくあります．そんな場合に，グラフで詳細に傾向を調べるのは困難です．"

工場長 "どうしてだ？　それぞれの因子について調べるんだから，数枚のグラフでよいだろう？"

田中 "**交互作用**も吟味しなければなりません．例えば五つの因子があった場合，その主効果で5種類，さらに交互作用は五つから二つを取る組合せなので10通りになります．因子が少数個ならいざ知らず，多い場合になると面倒です．"

工場長 "確かに，すべてを詳細に評価するのは難しいな．"

田中 "そんなときに，分散分析表でどの要因効果を綿密に見るかの着眼を得て，次に推定値に基づくグラフ等で解析してみると効率的だと思います．例えば，図1のような効果の推定値のグラフを見ると，交互作用がどのように出現しているのかがわかります．分散分析表ではどの交互作用が大きいのかが，また，このような

図1　効果の推定値グラフの例

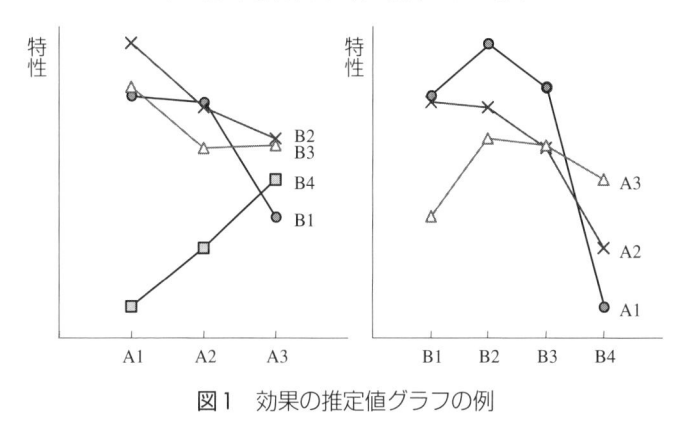

グラフではその交互作用の様子がわかります."
工場長"なるほど,なるほど.最後の'6. 結論の現場への導入'だ.これについての指針はあるのかね?"
田中"実験データを解析して導いた結論と,それを実際に製品設計,ラインに持ち込んだときの結果が違うかどうかが大きな焦点になると思います.つまり,こうなるだろうと思ったことが実際に実現しているかどうかが検討の中心事項です.例えば,実験を行って強度を向上させる対策を導いたとき,その対策を導入して実際の製品で強度が確保できるかどうかが焦点になります."
工場長"とすると,実際の製品で想定どおりの結果が出ている場合には問題はないな.一方,対策を導入しても思いどおりにならないときが問題なんだな."
田中"そうです.その可能性のうち主なものは'(a) 対策がしっかり導入できていない,(b) 導いた対策そのものが妥当でない'のいずれかです."
工場長"前者の導入の問題というのは,どんなことだい?"

田中 "例えば,品質改善のために作業方法を従来から変更したとして,その変更を作業者が実践できないとしたら,たとえ品質改善の上で有効な対策だったとしても,結果は好ましくなりません."

工場長 "つまり,作業標準で指定してあったとしても,それに従った作業ができないなら意味がないというようなことかな?"

田中 "はい.まず対策を想定どおり現場に導入できているかどうかをチェックすることが必要です."

工場長 "対策そのものの妥当性はどう検討するんだ?"

田中 "仮に想定どおり対策が実施されていたとします.しかし,結果が実験から導いたとおりにならないとすれば,それは対策が妥当でないと考えられます."

工場長 "そうすると,結果が想定どおりにならないときの手順としては,(1) 対策が想定どおりに導入されているかどうかをチェックする,(2) 想定どおりに導入されていない場合には作業の徹底等を検討し,想定どおりに導入されている場合には対策そのものの有効性を疑うわけだな."

田中 "そうです.整理していただいて助かりました."

工場長 "対策に妥当性がないと判断される場合にはどうするんだ?"

田中 "対策は実験から導かれているわけですから,(i) 実験が適切に行われたかどうか,(ii) 実験データの解析は適切かどうかが議論の中心になります."

工場長 "(ii) に関しては,種々の統計的手法に書いてある定石と照らし合わせてチェックをすればいいな.(i) はどうだろう?"

田中 "(i) については,**実験誤差**への着目がひとつあげられます.実験誤差と通常の操業での誤差を比較することがひとつの着眼点でしょう."

第17話 実験計画法を使う前後の六つの指針

工場長"実験誤差と通常の操業での誤差を比較して,どう考えるんだ?"

田中"もし実験誤差が通常の操業のバラツキより小さいとすれば,それは実験を極度に管理していたことが考えられます.例えば化学工程等で実プラントでの実験を模擬するべくパイロットプラントで実験を行った場合,パイロットプラントの実験を管理しすぎると実験誤差は小さくなりすぎることが考えられます."

工場長"あまりにも恵まれた状況で実験すると,通常の状況よりもバラツキが小さくなるということかな?"

田中"そのとおりです.一方,実験誤差の方が大きい場合には,それとは逆に,実験の管理が甘かったことが考えられます."

工場長"なるほど,そうだな."

田中"それから,完全な**ランダム化**実験を行わずランダム化を何段階かに分けた分割実験になっているにもかかわらず,完全なランダム化とみなして解析を行っていることもよくあります.これは先の (ii) とも関連します."

工場長"分割法か.あれは実験計画法の中でもいろんな種類の記号が出てきて,とてもわかりづらいんだよな."

田中"理解しにくいとの声は多いですね.でも,この山を越えると,とても実験の幅が広がります."

工場長"そうか.概要はよくわかった.どうもありがとう."

田中"お役に立てていれば嬉しいです."

工場長"最後にもうひとつあるのだが……."

田中"はい,なんでしょうか?"

工場長"統計的手法,特に実験計画法に関する教育を全工場レベルで実施しようと思うのだが,君が中心となってテキストやプログラムの原案作成をやってもらえないだろうか?"

田中"私がですか？"

工場長"大丈夫だ．今日の説明でとても安心した．君自身が方法そのものだけでなく，その方法の活用について，しっかりとした知識があることがわかった．その調子でやってくれればいいんだ．"

田中"わかりました．ではお受けいたします．"

工場長"頼んだぞ，期待しているから．"

✪ ポイント ✪

(1) 実験前に対象の範囲，目的，資源等を明確にする．

(2) 特性と要因についての定性的整理は有益である．

(3) 対策の成果が出なければ，導入方法，実験と解析の妥当性に着眼する．

難易度★★

第18話 自由度はなぜ $n-1$ なの？（その4）
平均と平方和の独立性

　今日は土曜日の勉強会の最終回です．いよいよ**自由度**が $n-1$ であることの証明が完成するそうです．圭子さんは，数学の才能に目覚めたようで，生き生きとしています．一方，木原さんは，数学の才能がないことを思い知らされたようですが，なんとかつきあっています．

鈴木 "おはようございます！"
田中 "おはよう．圭子さん，今日こそ'平均と平方和の独立性'を説明するよ．"
木原 "お，は，よう……．"
田中 "あれ，先輩，元気ないですね．"
木原 "あれから圭子にいろいろ教えてもらおうと思ったんだけど，圭子は，やれ**ポアソン分布**には**再生性**があることがわかっただの，**2群の母平均の差の検定**では自由度が和になるのは当然だ，とか言っているばっかりで，俺の疑問に答えてくれないんだ……．"
鈴木 "私，もう楽しくって，楽しくって．"
田中 "2群の話を解決できたっていうのはすごいね．この話をしたのは第10話で，そのときは先輩に話をしただけだし，そのあとも，僕はその概要しか圭子さんに説明しなかったのに……．"
鈴木 "実は，ちょっとわからない点があって……．"
田中 "何？　何でも聞いてよ．"
鈴木 "**t分布**になる理由がわからないんです．"

田中 "第10話でも,きちんと説明していませんよね,先輩.圭子さんのように'何ごともきちんと理解する'タイプの人にとっては,やはり正確に説明した方がいいのだろうね."

鈴木 "じゃあ,t分布の話をぜひきちんと教えてください."

田中 "わかりました.それでは,まず,t分布の登場する状況を確認しましょう.$x_1, x_2, \cdots, x_n$ が互いに独立に**正規分布** $N(\mu, \sigma^2)$ に従っているとします.このとき,平均 $\bar{x}$ の**確率分布**が $N\left(\mu, \dfrac{\sigma^2}{n}\right)$ となることは説明しましたよね."

鈴木 "はい.正規分布の再生性からきちんと納得できました."

田中 "すごいね.これを**標準化**したら $\dfrac{\bar{x} - \mu}{\sqrt{\sigma^2/n}}$ となり,これが**標準正規分布**に従うことまでは大丈夫だよね."

鈴木 "大丈夫です."

木原 "俺も圭子に教えてもらったからOKだ."

田中 "はい.それでは,t分布の定義をきちんと述べます.t分布っていうのは,標準正規分布に従う**確率変数** x と,これに独立な確率変数 y が自由度 k のカイ二乗分布に従うとき,これらの比が従う確率分布として定義されます.つまり,$t = \dfrac{x}{\sqrt{y/k}}$ の確率分布と定義されます."

木原 "これで大丈夫なのか? いつもと全然違うんじゃあ……."

田中 "大丈夫です.だって結果的には,さっき,$\bar{x}$ を標準化した式の分母の σ^2 に**標本分散** V を代入するだけですから."

鈴木 "まだ,きちんとは示されていないけれど,平方和 S を σ^2 で割ったら,その確率分布は自由度 $n-1$ の**カイ二乗分布**になるん

でしたよね．つまり，$y=S/\sigma^2$，$k=n-1$，$x=\dfrac{\bar{x}-\mu}{\sqrt{\sigma^2/n}}$ とおくことができて，

$$t=\frac{x}{\sqrt{y/k}}=\frac{\dfrac{\bar{x}-\mu}{\sqrt{\sigma^2/n}}}{\sqrt{(S/\sigma^2)/(n-1)}}=\frac{\dfrac{\bar{x}-\mu}{\sqrt{1/n}}}{\sqrt{S/(n-1)}}$$

となって……．"
木原 "ここからは俺も手伝うぞ．$S/(n-1)=V$ だよな．だから，

$$t=\frac{\dfrac{\bar{x}-\mu}{\sqrt{1/n}}}{\sqrt{V}}=\frac{\bar{x}-\mu}{\sqrt{V/n}}$$

となる．あっ！ 確かに，分母の σ^2 のところに V を代入した形になってる！ t 分布って，未知の母分散 σ^2 に標本分散 V を代入しているけど，それには理由がちゃんとあったんだなあ．"
田中 "結局，カイ二乗分布の自由度が納得できれば，t 分布の自由度も納得できるわけです．"
木原 "t 分布の自由度は，カイ二乗分布の自由度をそのまま引き継いだということか．"
鈴木 "t 分布の定義にあった，分子と分母の独立性は，最後に残った疑問の'平均と平方和の独立性'なんですね．同じことを何度も使うなんて，なんてきれいな世界なんでしょう．"
木原 "おい，田中．こういうときは'いやいや，君ほどではないよ'とか何とか言うもんだ．お前は統計ばっかりで，こっちの方のセンスがないからなあ．"
鈴木 "木原さん，まじめに聞いてください．田中さん，話の続きをお願いします．"
田中 "はい．2群の母平均の差の場合も説明しますね．ひとつ目の

群から m 個のデータ $x_1, x_2, \cdots, x_m$ を取り，二つ目の群から n 個のデータ $y_1, y_2, \cdots, y_n$ を取り出すとします．"

木原 "大きさ m と n の標本だな．俺の得意分野が久々に登場だ！"

田中 "この場合も，**母分散**が共通なら，S_x/σ^2 が自由度 $m-1$，S_y/σ^2 が自由度 $n-1$ のカイ二乗分布に従い，さらに互いに独立ですから，カイ二乗分布の再生性によって S_x/σ^2 と S_y/σ^2 の和が再びカイ二乗分布に従います．"

鈴木 "このとき，自由度は $(m-1)+(n-1)=m+n-2$ になるのですね．"

田中 "そうだね．これより，2 群の母平均の差の検定では t 分布が用いられることが先ほどと同じようにしてわかります．"

鈴木 "**1元配置分散分析**のときだって，誤差の母分散はどの群でも同じ σ^2 だと仮定するので，$S_1/\sigma^2, S_2/\sigma^2, \cdots, S_a/\sigma^2$ が互いに独立なカイ二乗分布に従い，やはり再生性からそれらの和はカイ二乗分布に従い，その自由度はそれぞれの自由度の和になるのですよね．すごーくすっきりしました．"

田中 "それじゃあ，いよいよ，最後の疑問 '平均と平方和の独立性' について説明する準備を始めましょう．"

鈴木 "お願いします．"

田中 "正規分布は 2 次元でも考えることができます．次の**同時確率密度関数**

$$f(x, y) = \frac{1}{2\pi\sigma_x\sigma_y\sqrt{1-\rho^2}} \exp\left[\frac{-1}{2(1-\rho^2)} \right.$$
$$\left. \times \left\{ \left(\frac{x-\mu_x}{\sigma_x}\right)^2 - 2\rho\left(\frac{x-\mu_x}{\sigma_x}\right)\left(\frac{y-\mu_y}{\sigma_y}\right) + \left(\frac{y-\mu_y}{\sigma_y}\right)^2 \right\} \right] \quad (4)$$

をもつ確率変数 (x, y) は **2 次元正規分布**に従う，と言われます．"

鈴木 "これが,役に立つのですか?"

田中 "前に,正規分布でないときには,'独立なら**無相関**'だけれど,'無相関なら独立'は必ずしも成り立たないと言ったのを覚えている?"

鈴木 "覚えています.それじゃ,もしかして,正規分布なら,独立と無相関は同じことになるのですか?"

田中 "うん.2次元正規分布の場合は,'無相関なら独立'は正しい命題となるんだ."

鈴木 "どう考えたらよいのですか."

田中 "まず,**期待値**$E(x)$と$E(y)$を計算するとμ_xとμ_yが導かれます.次に,母分散がσ_x^2とσ_y^2となることも計算して求めることができます.最後に,**母相関係数**はρとなります."

鈴木 "計算は自力でゆっくりとやっておきます.全部計算できたことにして話を進めてください.無相関とは母相関係数ρが0ということですよね."

田中 "そうです.$\rho=0$を上の(4)式に代入すると,

$$f(x,y) = \frac{1}{2\pi\sigma_x\sigma_y}\exp\left[-\frac{1}{2}\left\{\left(\frac{x-\mu_x}{\sigma_x}\right)^2 + \left(\frac{y-\mu_y}{\sigma_y}\right)^2\right\}\right]$$

$$= \frac{1}{\sqrt{2\pi}\sigma_x}\exp\left\{\frac{-(x-\mu_x)^2}{2\sigma_x^2}\right\} \times \frac{1}{\sqrt{2\pi}\sigma_y}\exp\left\{\frac{-(y-\mu_y)^2}{2\sigma_y^2}\right\}$$

となります."

鈴木 "確かに,xとyの**周辺確率密度関数**の積になっていますね.だから,独立になるんですね."

田中 "ここで,二つのことを証明なしで信じてくれますか?"

鈴木 "田中さんが信じろと言われるなら,何でも信じます!"

木原 "俺も,何でも信じるよ."

田中 "二つの確率変数 $(x_i - \bar{x}, \bar{x})$ が2次元正規分布に従うこと，これがひとつ目．次に，**共分散**を計算するときに**線形性**が成り立つこと，これが二つ目．どう？ 信じられますか？"

鈴木 "ちょっと，確認ですが，線形性って

$$\mathrm{Cov}(ax+by, z) = a\,\mathrm{Cov}(x, z) + b\,\mathrm{Cov}(y, z)$$

でよかったですか？"

田中 "ええ."

鈴木 "とりあえず，両方とも信じればいいんですね."

田中 "二つとも信じてくれたのなら，以下の計算ができます．ただし，i と j が違うとき，x_i と x_j が独立になるので，これらの共分散がゼロになります．つまり，$\mathrm{Cov}(x_i, x_j)=0\ (i \neq j)$ です．また，自分自身との共分散は分散になりますから $\mathrm{Cov}(x_i, x_i)=\sigma^2$ です．これらを用いると，次のような計算ができます．

$$\mathrm{Cov}(x_i - \bar{x}, \bar{x}) = \mathrm{Cov}(x_i, \bar{x}) - \mathrm{Cov}(\bar{x}, \bar{x})$$

$$\mathrm{Cov}(x_i, \bar{x}) = \mathrm{Cov}\left(x_i, \sum_{j=1}^{n} x_j/n\right) = \frac{1}{n}\sum_{j=1}^{n}\mathrm{Cov}(x_i, x_j)$$

$$= \frac{1}{n}\mathrm{Cov}(x_i, x_i) = \frac{\sigma^2}{n}$$

$$\mathrm{Cov}(\bar{x}, \bar{x}) = \mathrm{Cov}\left(\sum_{i=1}^{n} x_i/n, \sum_{j=1}^{n} x_j/n\right) = \frac{1}{n^2}\sum_{i=1}^{n}\sum_{j=1}^{n}\mathrm{Cov}(x_i, x_j)$$

$$= \frac{1}{n^2}\sum_{i=1}^{n}\mathrm{Cov}(x_i, x_i) = \frac{n\sigma^2}{n^2} = \frac{\sigma^2}{n}$$

したがって，$\mathrm{Cov}(x_i - \bar{x}, \bar{x})=0$ がわかります."

鈴木 "ということは，これらは2次元正規分布で無相関なので，独立なんですね."

田中 "そうです．$(x_1 - \bar{x})$ と $\bar{x}$ は独立．$(x_2 - \bar{x})$ と $\bar{x}$ も独立．したがって，すべての $(x_i - \bar{x})$ と $\bar{x}$ は独立ですから，$(x_i - \bar{x})$ の2乗和である

平方和 S は $\bar{x}$ と独立になります."

木原 "証明が完成したな．やったあ！ 俺はもう十分満足した！"

鈴木 "私も気分は最高です！ 完ぺきに理解できました."

田中 "これにて一件落着にしましょう."

木原 "おう．田中，ありがとう．途中でよくわからないこともあったけど，雰囲気は十分つかめたよ."

鈴木 "田中さん，私たちのすべての疑問に完ぺきに答えていただいて，本当にありがとうございました．お礼をしたいので，今晩，ぜひお食事でもいかがですか？"

田中 "圭子さんとなら，いつでもOKです."

木原 "俺はおじゃま虫みたいだから，帰ってビールでも飲むよ．あとは，お前らで適当にうまくやれ．ただし，圭子，田中はバリバリの理系の男だからな，注意した方がいいぞ."

鈴木 "どういうことですか？"

木原 "バリバリの理系の男の特徴はな，下手に質問したり，相づちをうつと，長い講義が始まるっていうことさ."

鈴木 "……."

後日，2人は，この"統計勉強会"の'成果'を工場長へ報告に行ったとのことです．

✿ポイント✿

(1) t 分布の自由度が $n-1$ になる理由はカイ二乗分布の自由度からわかる．

(2) 正規分布のもとでは無相関なら独立になる．

(3) 偏差と平均値は無相関となり，独立にもなる．

参考図書

(1) 第1部に関連して，副読本となる図書をいくつか紹介します．
  [1] 近藤良夫，安藤貞一（編）(1967)：統計的方法百問百答，日科技連出版社
  [2] 永田　靖（1996）：統計的方法のしくみ，日科技連出版社
  [3] 永田　靖（2002）：SQC教育改革，日科技連出版社
  [4] 日本規格協会名古屋QC教育研究会（編）(1998)：実践SQC虎の巻，日本規格協会
  [5] 富士ゼロックス（株）QC研究会（編）(1989)：疑問に答える実験計画法問答集，日本規格協会
  [6] 細谷克也（2004）：QC手法100問100答，日科技連出版社

(2) 第2部に関連して統計的方法に関する図書を紹介します．
① 入門的な統計的方法
  [7] 永田　靖（1992）：入門統計解析法，日科技連出版社
  [8] 谷津　進，宮川雅巳（1988）：品質管理，朝倉書店
② 実験計画法
  [9] 圓川隆夫，宮川雅巳（1992）：SQC理論と実際，朝倉書店
  [10] 永田　靖（2000）：入門実験計画法，日科技連出版社
  [11] 山田　秀（2004）：実験計画法　方法編，日科技連出版社
  [12] 山田秀編著，葛谷和義，澤田昌志，久保田享（2004）：実験計画法　活用編，日科技連出版社
③ タグチメソッド
  [13] 立林和夫（2004）：入門タグチメソッド，日科技連出版社
  [14] 宮川雅巳（2000）：品質を獲得する技術，日科技連出版社
④ 多変量解析法
  [15] 永田　靖，棟近雅彦（2001）：多変量解析法入門，サイエンス社
  [16] 廣野元久，林　俊克（2004）：JMPによる多変量データ活用術，海文堂出版

⑤ 統計学の数学理論
  [17] 永田　靖（2005）：統計学のための数学入門30講，朝倉書店
  [18] 宮川雅巳（1998）：統計技法，共立出版
⑥ 信頼性
  [19] 真壁　肇，鈴木和幸，益田昭彦（2002）：品質保証のための信頼性入門，日科技連出版社
  [20] 塩見　弘（1968）：信頼性入門，日科技連出版社
⑦ シックスシグマ
  [21] 山田秀編著，富田誠一郎，片山清志（2004）：TQM・シックスシグマのエッセンス，日科技連出版社

索　引

A–Z

B10　222
c 管理図　161
CFT　136
CS　131
　── 調査　131
　── ポートフォリオ　139
F 分布　230
FA　163
FMEA　89
ISO　170
JIS　170
LCC　223
p 値　110
PDCA　116
QC 七つ道具　114
SN 比　56
SQC　225
t 分布　153, 237
$\bar{x}$–R 管理図　59

あ

相性　49
アレニウスモデル　218
アワテモノの誤り　79
アンケート調査　132
アンスコムのデータ　231

い

異常　89, 165
　── 値　27, 38, 72, 231
1 因子実験　226
1 元配置分散分析　47, 158, 240
1 元配置法　47, 66, 127, 226
1 次元　71
　── の解析　119
因果関係　40, 103, 125
因子　45, 50, 55, 57, 66, 68, 126, 225

う

上側確率　85
ウェルチの検定　157

え

円グラフ　71, 119

お

応答　31
　── 曲面法　230
帯グラフ　71, 119

か

回帰式　43, 66, 196
回帰直線　42
回帰分析　44, 195, 225
カイ二乗値　110

カイ二乗分布　154, 183, 212, 238
解析用管理図　59, 170
改善活動　16
確認実験　67, 68
確率関数　207
確率分布　23, 153, 183, 211, 238
　——族　153, 183
確率変数　183, 204, 238
確率密度関数　154, 186, 207, 221
加速信頼性試験　218
片側検定　37
頑健　56
観察研究　125
ガンマ分布　213
管理　59
　——限界線　59, 79, 165
　——状態　164
　——図　59, 63, 78, 103, 115, 164
　——特性　164
　——外れ　59
　——用管理図　59, 170

き

規格　31, 34, 35, 81, 167
　——線　165
棄却域　37
棄却限界値　37
擬似相関　41, 102, 200
期待値　203, 210, 241
帰無仮説　37, 110
共分散　203, 242
曲線　43, 66
　——的　40

寄与率　44, 196
近似モデル　129

く

偶然原因　166
偶発故障　219
　——期　221
区間推定　33, 36, 93, 154
組合せ効果　148
グラフ　26, 231
グラフィカルモデリング　201
グリーンベルト　89
繰り返し　127
クロス集計表　72, 108, 119
クロス・ファンクショナル・チーム　136
群　59, 80, 157, 165
群間　78, 168
　——変動　78
群内　78, 165
　——変動　78

け

経験的モデル　129
形状パラメータ　222
計数値データ　16, 34, 36, 52, 71
係数表　171
計量値データ　16, 27, 34, 36, 52, 71
結果　43
　——系　35
決定木　140
原因　43

──系　35
顕在的不満足空間　140
顕在的満足空間　140
検出力　37
現状把握　63
検定　36, 93, 154, 187
──統計量　37

こ

交互作用　48, 51, 148, 159, 181, 225, 232
公差　84
構造式　128
工程管理　163
工程能力　81, 167
──指数　84, 167
──調査　81
購入満足度調査　134
顧客対応満足度調査　134
顧客満足度　131
国際規格　170
誤差　18, 33, 36, 44, 76
──平方和　158
──変動　78
故障率　220
──関数　221

さ

再現実験　67
最小2乗法　42, 128
再生性　160, 183, 212, 237
最適計画　230
最適水準　67

3元配置分散分析　48
3元配置法　48
残差　42, 196
──平方和　42
3シグマ法　168
散布図　27, 38, 42, 72, 99, 119, 123
サンプリング　165
──誤差　19
サンプル　16
──サイズ　19, 36

し

視覚化　26
時系列　63
指数分布　219
視聴率　18
シックス・シグマ　87
実験　126
──回数　178
──計画　66
──計画法　47, 57, 72, 114, 152, 160, 176, 225
──誤差　46, 234
質的変数　71
自働化　164
重回帰分析　52
従業員満足度調査　132
自由度　110, 153, 183, 202, 237
──調整済み寄与率　196
シューハート管理図　168
周辺確率　191, 205
──密度関数　208, 241
主成分分析　54

寿命　218
瞬間故障率　220
条件　123
初期故障期　221
信頼区間　33, 222
信頼性工学　217
信頼性試験　218
信頼度　219
信頼率　33, 219

す

推移グラフ　165
水準　45, 55, 57, 125, 225
推定　32, 36, 67, 93, 182, 187
　── 値　83, 232
水平展開　116

せ

正規分布　82, 153, 213, 238
　── 表　82
制御　125, 195
正の相関　38
　── 関係　27, 99
積率　210
　── 母関数　210
設計パラメータ　228
説明変数　43, 52, 195
線形性　242
線形代数　181
潜在的不満足空間　140
潜在的満足空間　140
全数検査　16, 81

そ

相関　57
　── 関係　28, 119, 196
　── 係数　72, 100, 120, 203, 231
相互作用　148
総平均　158
層別　39, 63, 72, 102, 109

た

対応　195
　── のあるデータ　93, 121
大数の法則　23
代用特性　41
対立仮説　37, 110
タグチメソッド　55, 230
多元配置実験　230
多変量解析法　52, 57, 69, 114, 120
多変量データ　52, 57, 69
単回帰式　72
単回帰分析　52

ち

チェックシート　15
中心位置　27, 34, 37
調査図　165
調査データ　57
調整　75, 115
直線　42, 66
　── 的　40
直交　181
　── する　181
　── 配列表　51, 178

――表　51, 66, 176
――表実験　225

て

データの質　231
データマイニング　69
適合度の検定　20
テコ比　196
点推定　32

と

統計的品質管理　225
統計的有意差　36
統計量　25, 232
同時確率　191, 205
――密度関数　208, 240
特性　31, 35, 50, 52, 56, 68, 123, 182
――値　31, 63
――要因図　45, 63, 230
独立　161, 183
――性　202, 237
――性の検定　110
度数　20
――表　20
ドレニックの定理　219

な

内積　181

に

2元配置分散分析　48, 159
2元配置法　48, 66

2項分布　21, 161, 213
2次元　71
――正規分布　240
――の解析　119
――の確率変数　191
2水準系直交表　66
日常データ　57
二標本問題　157

は

バイアス　136
排反　192
パス解析　201
外れ値　27, 231
ハット　32
バラツキ　27, 34, 37, 55
パラメータ　32, 55, 68, 153
――設計　55, 68, 230
範囲　59
ハンティング現象　77

ひ

ヒストグラム　27, 63, 71, 82, 119
微積分　211
微分　129
標準化　15, 185, 238
標準正規分布　85, 185, 214, 238
標準値　170
標準偏差　203, 231
評点　137
標本の大きさ　156
標本標準偏差　34, 63, 83
標本不良率　32

標本分散　34, 37, 63, 83, 238
標本平均　34, 37, 63
比率　71
品質工学　55

ふ

フィッシャー　230
　――流　230
プーリング　159
二つの母平均の差の検定　93
負の相関　38
　――関係　27, 99
プラセボ効果　94
ブラックベルト　89
不良品　36
不良率　31
ブレーンストーミング　117
プロセス　226
雰囲気温度　218
分割実験　230
分割表　72, 108
分散　71, 78, 156
　――分析　182
　――分析表　231
分布　231
　――関数　82, 221

へ

平均　59, 71, 82, 83, 202, 231, 237
　――故障率　220
　――偏差　155
平方和　155, 187, 202, 237
偏回帰係数　198

偏差　155, 188, 204
　――平方和　155
変数　52, 71
　――選択　196
変動　195
変量　52, 57

ほ

ポアソン分布　161, 213, 237
母共分散　204
母集団　16, 32, 45, 154
母数　32, 153
母相関係数　204, 241
母標準偏差　34, 82, 185, 204
母不良率　32, 35, 45
母分散　34, 45, 153, 204, 240
母平均　34, 45, 153, 185, 204
　――の差の検定　154, 237
ボンヤリモノの誤り　79

ま

マーケット・セグメント　69
マトリックス　229
摩耗故障　219
　――期　221
満足度空間　139

む

無作為抽出　17, 110, 135
無次元数　85
無相関　29, 38, 57, 102, 203, 241

も

目的変数　43, 52, 195
モデル　128

ゆ

有意差　47, 68, 93, 110
有意水準　37

よ

要因　35, 45, 52, 55, 57, 68, 123, 174, 229
　── 系統図　229
　── の合併　159
　── の平方和　158
　── 分析　69, 119
予測　43, 126, 200
4M　167

ら

ライフ・サイクル・コスト　223

乱塊法　230
ランダム化　235
ランダムサンプリング　17

り

離散型　190, 207
離散的　16
両側検定　37
量的変数　71

れ

連続型　190, 208
　── 確率変数　207
連続的　16

ろ

ロバスト　56

わ

ワイブル分布　220

編著者
永田　靖　早稲田大学創造理工学部経営システム工学科教授

著者
稲葉　太一　神戸大学発達科学部
今　嗣雄　某電機メーカー
葛谷　和義　元（株）デンソー
山田　秀　筑波大学大学院ビジネス科学研究科

おはなし統計的方法
― "早わかり" と "理解が深まる 18 話"

定価：本体 1,500 円（税別）

2005 年 9 月 29 日　第 1 版第 1 刷発行
2017 年 6 月 19 日　　　　　第 10 刷発行

編著者　永田　靖
著　者　稲葉　太一・今　嗣雄
　　　　葛谷　和義・山田　秀

権利者との協定により検印省略

発行者　揖斐　敏夫
発行所　一般財団法人 日本規格協会
　　　　〒 108-0073　東京都港区三田 3 丁目 13-12 三田 MT ビル
　　　　http://www.jsa.or.jp/
　　　　振替　00160-2-195146
印刷所　株式会社平文社
製　作　有限会社カイ編集舎

© Yasushi Nagata et al., 2005　　　　　　　　Printed in Japan
ISBN978-4-542-90276-3

- 当会発行図書，海外規格のお求めは，下記をご利用ください．
  販売サービスチーム：(03)4231-8550
  書店販売：(03)4231-8553　注文 FAX：(03)4231-8665
  JSA Webdesk：https://webdesk.jsa.or.jp/

おはなし科学・技術シリーズ

新おはなし品質管理 改訂版
田村昭一 著
定価:本体 1,200 円(税別)

おはなし新 QC 七つ道具
納屋嘉信 編
新 QC 七つ道具執筆グループ 著
定価:本体 1,400 円(税別)

おはなしデザインレビュー
改訂版
菅野文友・山田雄愛 編
定価:本体 1,200 円(税別)

おはなし新商品開発
圓川隆夫・入倉則夫・鷲谷和彦 共編著
定価:本体 1,700 円(税別)

多種少量生産のおはなし
千早格郎 著
定価:本体 1,000 円(税別)

おはなし統計的方法
永田 靖著著
稲葉太一・今 嗣雄・葛谷和義・山田 秀 著
定価:本体 1,500 円(税別)

おはなし信頼性 改訂版
斉藤善三郎 著
定価:本体 1,200 円(税別)

おはなし生産管理
野口博司 著
定価:本体 1,300 円(税別)

おはなし経済性分析
伏見多美雄 著
定価:本体 1,400 円(税別)

誤差のおはなし
矢野 宏 著
定価:本体 1,500 円(税別)

おはなし品質工学 改訂版
矢野 宏 著
定価:本体 1,800 円(税別)

おはなし MT システム
鴨下隆志・矢野耕也・高田 圭・高橋和仁 共著
定価:本体 1,400 円(税別)

化学計測のおはなし 改訂版
間宮眞佐人 著
定価:本体 1,200 円(税別)

エントロピーのおはなし
青柳忠克 著
定価:本体 1,553 円(税別)

安全とリスクのおはなし
向殿政男 監修／中嶋洋介 著
定価:本体 1,400 円(税別)

バイオメトリクスのおはなし
小松尚久・内田 薫・池野修一・坂野 鋭 共著
定価:本体 1,500 円(税別)

暗号のおはなし 改訂版
今井秀樹 著
定価:本体 1,500 円(税別)

QR コードのおはなし
標準化研究学会 編
定価:本体 1,300 円(税別)

日本規格協会　https://webdesk.jsa.or.jp/